U0052145

親手作寶貝の好可愛圍兜兜

BOUTIQUE-SHA◎授權

基本款・外出款
時尚款・趣味款・功能款
穿搭變化一極棒！

親手作寶貝の
好可愛圍兜兜

小嬰兒圍兜兜就算縫製再多件都很開心！
不論是適合日常使用的基本款，
或搭配外出服的可愛圍兜兜，
甚至是針對不同場合設計的時尚圍兜兜、
設計獨特＆適合拍照的趣味款圍兜兜……
讓每天的育兒生活充滿樂趣的漂亮設計應有盡有。
除了正在照顧小嬰兒的媽媽手邊必備圍兜兜，
也相當推薦當成祝賀生產的禮物。
不論是機縫或手縫，皆可簡單地完成製作。
因此請找出自己喜歡的款式，試著挑戰作作看吧！

本書的作品

・關於尺寸

本書收錄的圍兜兜適合出生後3至12個月左右的嬰兒使用，頸圍設定在26cm至33.5cm之間。頸圍太鬆就無法接住口水或是掉落的食物，太緊則容易發生危險。因此在裝上壓釦或魔鬼氈前，試著將圍兜兜圍在嬰兒的頸部，使圍兜兜和嬰兒之間保持適度的空間，作好記號之後再繼續製作吧！

・注意事項

為免嬰兒誤食鈕釦等小小的服飾配件，因此製作時請務必確實地縫牢喔！若使用的蕾絲或織帶會接觸到嬰兒肌膚，請盡可能使用柔軟的素材。此外，嬰兒睡覺的時候，為了避免意外事故，請將圍兜兜脫下！

Contents

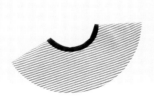

Simple bib

基本款

每天使用的圍兜兜
以簡單的設計＆觸感舒適的款式最為理想。
只要多作幾條基本款圍兜兜，換洗會很方便喔！

連身衣／KP BOY
（KNIT PLANNER）

領巾型圍兜兜

作法　P.65

如領巾在頸部後面打結般的設計
相當可愛。三角形的輪廓不僅時
髦，也可以接住口水或掉落的食
物。試著利用不同的布料作出許
多圍兜兜吧！

No.2 布料提供／清原
作品製作／酒井三菜子

No.3 布料提供／布料店 Sol Pano
No.4 布料提供／Cotton小林
滾邊針織布條提供／Captain
作品製作／酒井三菜子

T恤・褲子／trois lapins
（KNIT PLANNER）

好喜歡
條紋圖案喔！

後面以
塑膠壓釦固定。

3

4

甜甜圈圍兜兜

作法 ⭐ P.34

圓形輪廓如甜甜圈般的可愛圍兜兜。可以
360°旋轉使用的甜甜圈造型設計也令人相
當安心。領口的滾邊針織布條則是作為點綴
的視覺亮點。

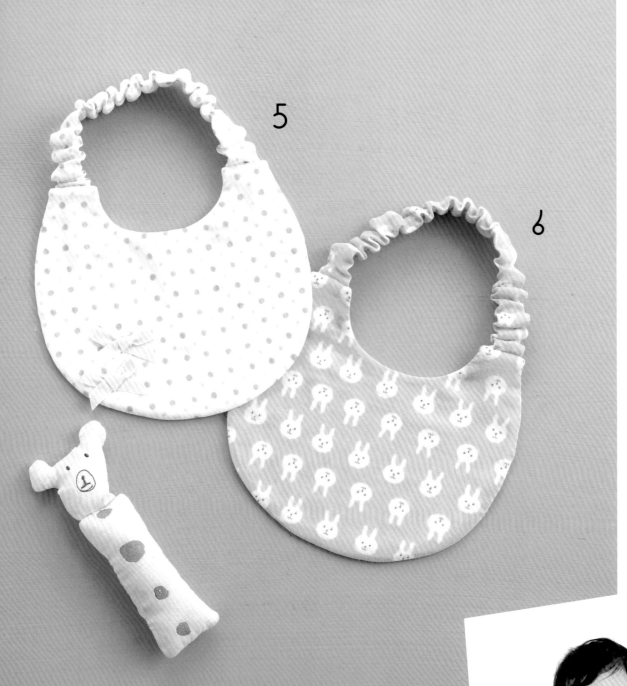

5

6

上衣・褲子／trois lapins
（KNIT PLANNER）
襪子／靴下屋（Tabio）

鬆緊帶圍兜兜

作法 ☆ P.33

可以輕鬆套在小嬰兒脖子上的鬆緊帶圍兜
兜。基本款的設計就該多準備幾條方便隨時
替換啊！在此選用彩色點點＆兔子圖案的二
重紗製作。

No.5 布料提供／Daiwabo tex
No.6 布料提供／Cotton小林
作品製作／吉田みか子

粉紅色的
兔子圖案充滿
女孩氣息。

4

7

8

運用裝飾表現玩心！

蛋形圍兜兜

作法 ★ P.36

使用北歐風的小雞圖案二重紗製作而成
的蛋形圍兜兜。右下角縫上三種粗細的
緞帶環除了當成裝飾，也可以作為小嬰
兒觸覺抓握的遊戲。魔鬼氈的設計穿脫
時相當簡便。

布料提供／KOKKA
超薄魔鬼氈提供／Clover
作品製作／吉田みか子

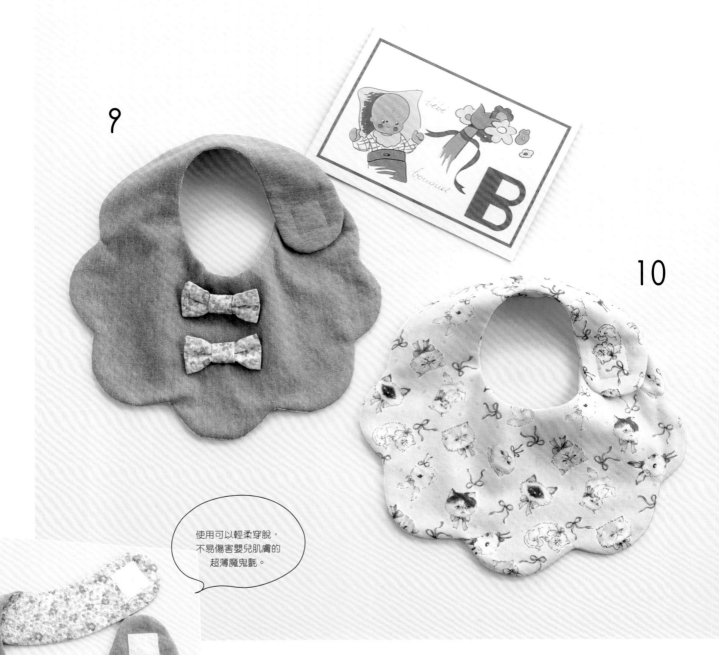

9

10

使用可以輕柔穿脫，
不易傷害嬰兒肌膚的
超薄魔鬼氈。

貝殼形圍兜兜

作法 ⭐ P.40

像花朵一樣的貝殼形設計，既有女孩氣息又可愛。
no.9以花朵圖案的蝴蝶結和丹寧布的組合，製作成雙
面用的圍兜兜。no.10則選用大受歡迎的貓咪圖案二重
紗製作。

No.9 布料提供（丹寧布） 布料店 Sol Pano
　　　　　（花朵圖案布） Cosmo Textile〈AP62503-2A〉
No.10 布料提供／KOKKA
超薄魔鬼氈提供／Clover
作品製作／長島 望

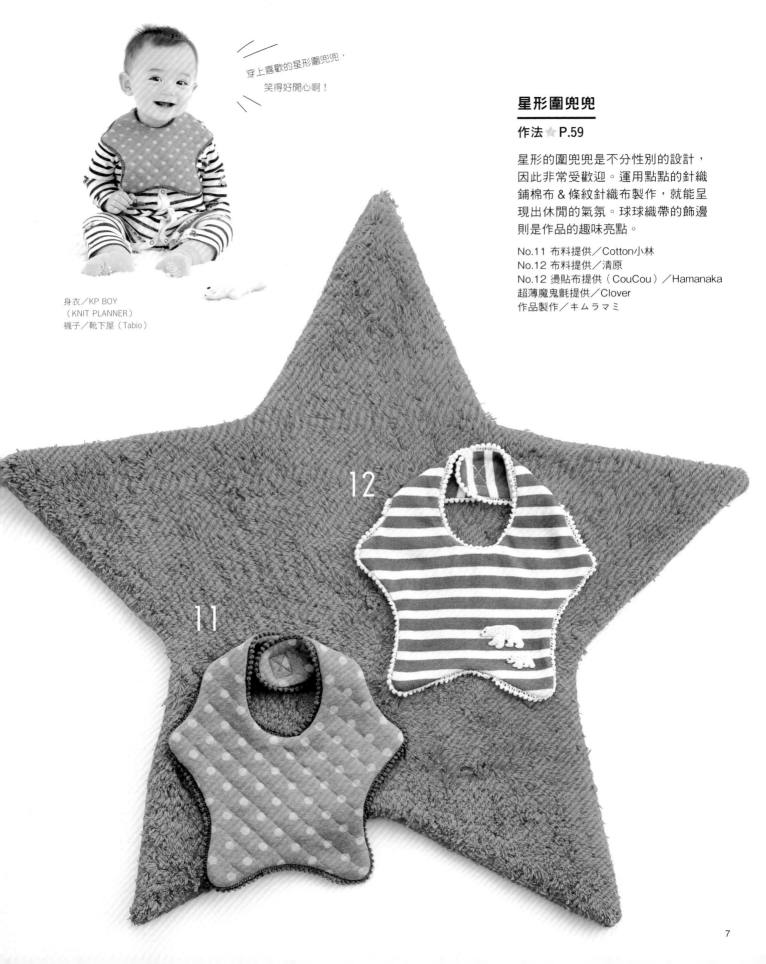

穿上喜歡的星形圍兜兜，
笑得好開心啊！

身衣／KP BOY
（KNIT PLANNER）
襪子／靴下屋（Tabio）

星形圍兜兜

作法 ☆ P.59

星形的圍兜兜是不分性別的設計，
因此非常受歡迎。運用點點的針織
鋪棉布＆條紋針織布製作，就能呈
現出休閒的氣氛。球球織帶的飾邊
則是作品的趣味亮點。

No.11 布料提供／Cotton小林
No.12 布料提供／清原
No.12 燙貼布提供（CouCou）／Hamanaka
超薄魔鬼氈提供／Clover
作品製作／キムラマミ

12

11

Decorative bib

外出款

比起日常使用的設計，
稍微添加一點裝飾的外出款圍兜兜。
最適合那些想要精心打扮的日子。

連身衣／CUTESY KP
（KNIT PLANNER）
襪子／靴下屋（Tabio）

水手圍兜兜

作法 ★ P.42

可愛的粉藍色水手圍兜兜，胸
前蓬蓬的蝴蝶結也很可愛。運
用別緻配色的布料製作，感覺
就會很不一樣喔！

作品製作／金丸かほり

13

水手服配色是
背面的視覺重點。

利用肩膀處的
壓釦穿脫。

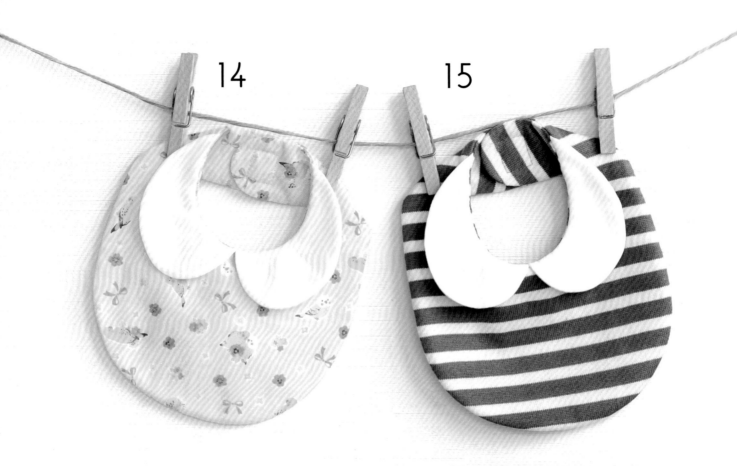

14   15

圓領圍兜兜

作法 ⭐ P.4I

二重紗的圓形領子是此作品的重點。使用具有
童話感的鸚鵡圖案二重紗＆清爽的條紋針織布
製作，穿上的時候，看起來就像穿上洋裝般的
可愛。

No.14 布料提供（圖案）／Cosmo Textile〈AP62406-1B〉
No.15 布料提供／清原
超薄魔鬼氈提供／Clover
作品製作／金丸かほり

16

蝴蝶結圍兜兜

作法 ⭐ P.38

運用藍色條紋布 & 復古印花棉布搭配，
製作而成的蝴蝶結圍兜兜就像飾品一
樣，整體設計相當別緻美麗。試著以自
已喜歡的布料變化製作吧！

作品製作／nikomaki*

搭配粉紅點點的連身衣，
呈現出十足的女孩氣質。

17

18

心形圍兜兜

作法 ✿ P.44

適合小女孩的超級可愛心形圍兜兜。在復古氛
圍的花朵印花布上，裝飾上彩色的蕾絲＆蝴蝶
結吧！

作品製作／花井仁美

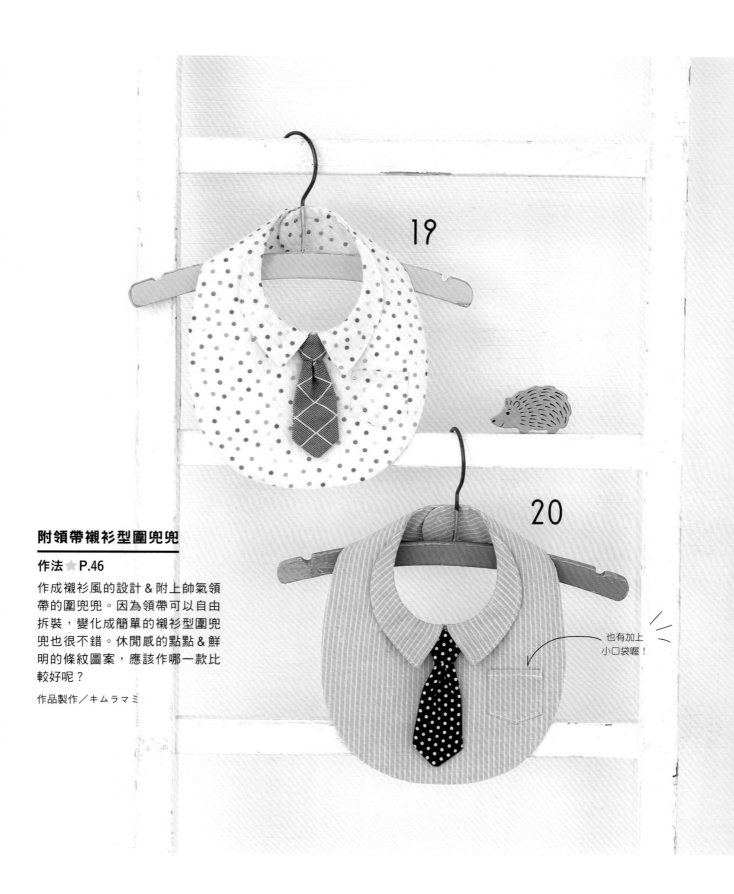

19

20

附領帶襯衫型圍兜兜

作法 ★ P.46

作成襯衫風的設計 & 附上帥氣領
帶的圍兜兜。因為領帶可以自由
拆裝,變化成簡單的襯衫型圍兜
兜也很不錯。休閒感的點點 & 鮮
明的條紋圖案,應該作哪一款比
較好呢?

作品製作／キムラマミ

也有加上
小口袋喔!

21

22

開襟衫／CUTESY KP（KNIT PLANNER）

藉由蕾絲襯托出
簡單的輪廓。

蕾絲滾邊甜甜圈圍兜兜

作法 ⭐ P.36

將超人氣的甜甜圈圍兜兜裝飾上蕾絲吧！
清爽配色的天鵝圖案＆小花圖案的二重紗
皆呈現出潔淨的氣息。no.22更加上蝴蝶燙
貼布作為點綴。

No.22 燙貼布提供（CouCou）／Hamanaka
作品製作／キムラマミ

Fashionable bib

時尚款

不論是結婚典禮或派對，
各種正式場合皆適合。
穿上完全像是正式服裝一樣的時尚圍兜兜，
享受特別日子的樂趣吧！

作為贈禮時，
收到的人也會很開心喔！
不妨放入可愛的盒子裡送人吧！

23

選擇低調一點的布料，
時尚度也大大提升。

洋裝圍兜兜

作法 ★ P.50

輕柔＆具有層次輪廓的可愛洋裝圍兜
兜。除了以淡粉紅色的綢緞布呈現出高
級的質感，更在拼接處裝飾上淡紫色的
緞帶，作為時尚設計的亮點。

作品製作／キムラマミ

連身衣／CUTESY KP（KNIT PLANNER）

24

配合正式服裝的設計，
貼上布襯會讓整體輪廓更加硬挺。

重疊條紋布&
素色黑布製作而成的
蝴蝶領結。

燕尾服圍兜兜

作法 ☆ P.48

統一黑白色調的燕尾服圍兜兜。條紋的
蝴蝶領結＆條紋鈕釦，帥氣十足！是一
款一穿上就能立即提升正式服裝感的吸
睛設計。

作品製作／キムラマミ

Unique bib

趣味款

可愛的動物主題、特別的食物主題、
適合季節性活動的設計……
小嬰兒＆媽媽都會很開心的圍兜兜，
本單元應有盡有喔！

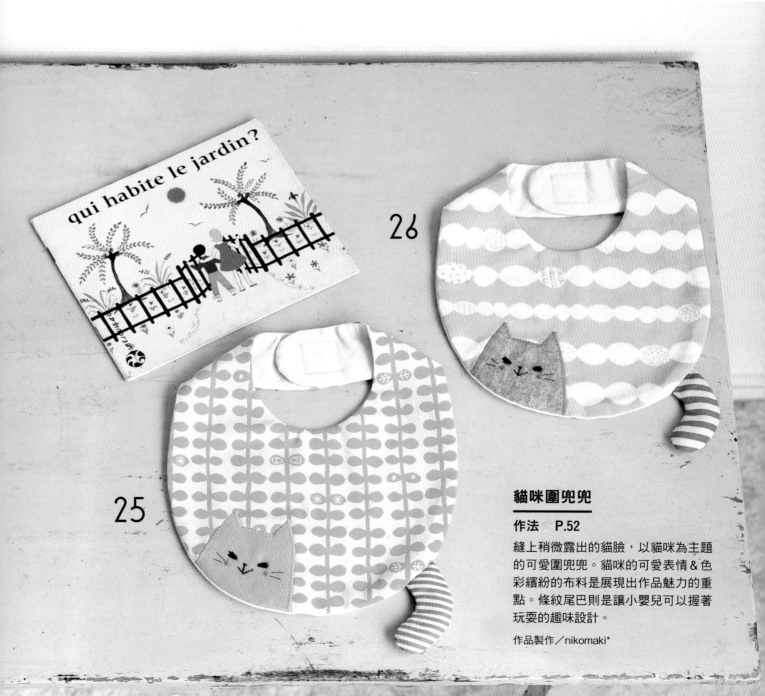

26

25

貓咪圍兜兜

作法　P.52

縫上稍微露出的貓臉，以貓咪為主題
的可愛圍兜兜。貓咪的可愛表情＆色
彩繽紛的布料是展現出作品魅力的重
點。條紋尾巴則是讓小嬰兒可以握著
玩耍的趣味設計。

作品製作／nikomaki*

27

28

可愛又實用的設計
真令人高興!
背面是以魔鬼氈
固定的設計。

連身衣／KP BOY
（KNIT PLANNER）

熊貓圍兜兜 & 小熊圍兜兜

作法 ☆ P.54

只要看到就會產生溫暖感覺的熊貓 & 小熊圍兜
兜。點點的耳朵、下垂的眼睛和微笑的溫柔表情
都很可愛。這是不管小女孩或小男孩都會很喜歡
的可愛設計。

作品製作／nikomaki*

大象圍兜兜

作法　P.56

大大的耳朵＆長長的鼻子，可愛的大象圍兜兜以藍色條紋
布和綠色格子布營造出清爽的氣息。圓圓的眼睛則以不織
布的貼布縫製作而成。

超薄魔鬼氈提供／Clover
作品製作／長島 望

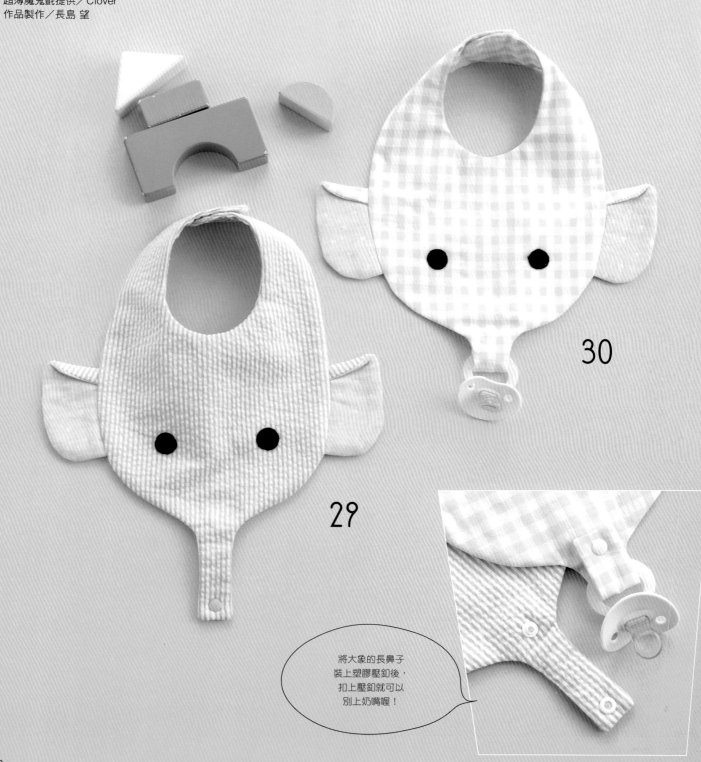

30

29

將大象的長鼻子
裝上塑膠壓釦後，
扣上壓釦就可以
別上奶嘴喔！

18

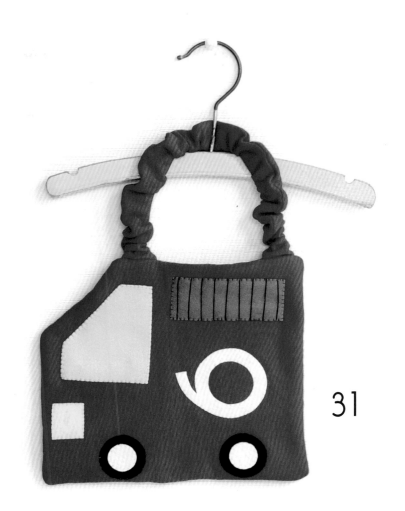

31

鮮紅色的消防車圍兜兜

是我的最愛！

消防車圍兜兜

作法 ⭐ P.53

這是一款小男孩超喜歡的消防車圍兜兜。梯子＆水管的貼布縫十分帥氣，具有玩心的設計是其一大魅力。

布料提供／Cosmo Textile
〈AN98000-249〉
作品製作／花井仁美

連身衣／KP BOY（KNIT PLANNER）
襪子／靴下屋（Tabio）

吐司圍兜兜&荷包蛋圍兜兜

作法 ☆No.32　P.58
　　　No.33　P.57

將表情朝氣十足的吐司&看起來很美味的荷包蛋，
作成可愛的主題圍兜兜吧！頸帶的部分是以帽夾固
定，因此只需要取下弄髒的圍兜兜替換即可。將兩
款圍兜兜擺放在一起就像是早餐組合一樣哩！

作品製作／キムラマミ

帽夾可以
隨意取下喔！

33

32

20

草莓圍兜兜 & 西瓜圍兜兜

作法 ☆ No.34 P.60
No.35 P.6I

令人忍不住想要穿上的水果主題圍兜兜——鮮紅色點點布的女孩風草莓圍兜兜 & 適合夏天使用的西瓜設計。縫上鬆緊帶的設計可以很輕鬆地套上，使用起來相當方便。

作品製作／長島 望

娃娃服／trois lapins（KNIT PLANNER）

南瓜圍兜兜

作法 ⭐ P.62

穿上以南瓜為主題的圍兜兜，成為萬
聖節的主角吧！以橘色點點布營造流
行的氣息，微笑的表情也很可愛吧！

作品製作／花井仁美

隨意配上休閒服
就可以出門囉！

T恤／trois lapins、褲子／
CUTESY KP（皆來自KNIT PLANNER）

穿上可愛的圍兜兜，
享受萬聖節的樂趣吧！

連身衣／KP BOY（KNIT PLANNER）
襪子／靴下屋（Tabio）

幽靈圍兜兜 & 蝙蝠圍兜兜

作法 ★ No.37　P.63
　　　　No.38　P.64

有著大大黑眼珠的可愛幽露 & 展開翅膀的蝙蝠
圍兜兜，皆以柔軟質感的平面針織布製作而
成，是適合萬聖節派對的可愛設計。

縫上小小的手
是這款圍兜兜的重點。

37

38

布料提供／Cosmo Textile
No.37〈AN90000-KW〉
No.38〈AN98000-300〉
超薄魔鬼氈提供／Clover
作品製作／花井仁美

23

聖誕帽＆聖誕圍兜兜

作法 ★ P.66

聖誕季節就會想穿上的聖誕圍兜兜。搭配同一系列的帽子，就能變身成聖誕老公公唷！以肌膚觸感溫和＆柔軟的平面針織布製作而成。

布料提供／Cosmo Textile
　　　　　紅色〈AN98000-249〉
　　　　　白色〈AN90000-KW〉
超薄魔鬼氈提供／Clover
作品製作／金丸かほり

39

40

襪子／靴下屋（Tabio）

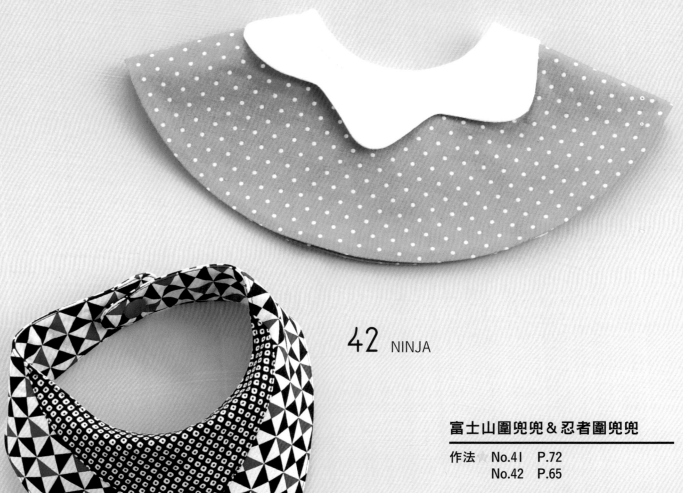

41 FUJIYAMA

42 NINJA

富士山圍兜兜&忍者圍兜兜

作法 No.41 P.72
No.42 P.65

既時尚又具有和風感的可愛富士山&忍者
圍兜兜相當吸引眾人的目光,是很適合
拍照的設計,在新年或夏日祭典都很受歡
迎。

布料提供／Cosmo Textile
No.41 二重紗〈AD9500-KW〉
No.41 點點印花布〈CR8831-11R〉
No.42 風車圖案布〈AP1350-21E〉
No.42 鹿斑紋圖案布〈AP1350-1G〉
作品製作／金丸かほり

縫上以不織布製作的手裡劍!

Handy bib

功能款

本單元將介紹活用毛巾或手拭巾的形狀，
再加上簡單的設計＆方便使用的巧思製作而成的圍兜兜。

快乾的毛巾圍兜兜，
清洗也很方便。

43

後面是以塑膠壓釦
固定的設計。

連身衣／KP BOY
（KNIT PLANNER）
襪子／靴下屋（Tabio）

毛巾圍兜兜

作法 ☆ P.68

可愛的藍色波爾卡點點毛巾圍兜兜。裁剪
出領口後，只需縫合即可完成，毛巾的肌
膚觸感既很輕柔，也可以接住口水或掉落
的食物。

毛巾提供／內野（UCHINO TOWEL GALLERY）
斜紋布條提供／Captain
作品製作／小澤のぶ子

手拭巾圍兜兜

作法 ✦ P.69

以喜歡的布料製作，充滿手作樂趣的手拭巾圍兜兜。作法為活用手拭巾的形狀，因此可以簡單製作而成。在頸部＆背部中間以繩子打結即可穿上喔！

斜紋布條提供／Captain
作品製作／小澤のぶ子

44

45

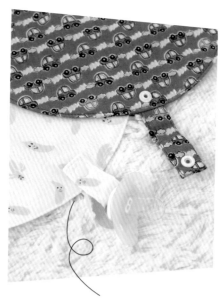

附吊環圍兜兜

作法 ★ P.37

將基本款設計的圍兜兜縫上可以別上奶嘴的吊環布。本作品是以三片柔軟的二重紗製作而成，因此不但肌膚觸感很棒，吸水力也很卓越。在此選用元氣十足的車子圖案＆特別的香蕉圖案布料製作。

No.46 布料提供／KOKKA
No.47 布料提供／清原
作品製作／長島 望

吊環布是以塑膠壓釦
進行固定開闔。

47

46

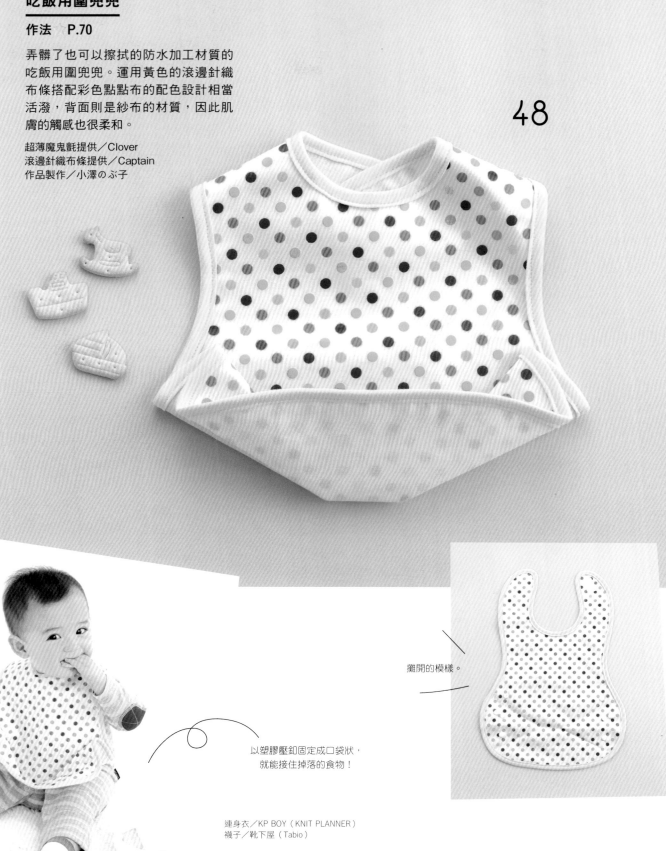

吃飯用圍兜兜

作法　P.70

弄髒了也可以擦拭的防水加工材質的吃飯用圍兜兜。運用黃色的滾邊針織布條搭配彩色點點布的配色設計相當活潑,背面則是紗布的材質,因此肌膚的觸感也很柔和。

超薄魔鬼氈提供／Clover
滾邊針織布條提供／Captain
作品製作／小澤のぶ子

48

攤開的模樣。

以塑膠壓鈕固定成口袋狀,
就能接住掉落的食物!

連身衣／KP BOY（KNIT PLANNER）
襪子／靴下屋（Tabio）

製作圍兜兜の
布料・材料・工具

<< 布料 >>

因為嬰兒的肌膚很敏感，請選擇親膚性佳的布料吧！

二重紗
以兩層結構的薄棉紗布製作而成的布料。質感輕柔，比單重紗布的吸濕性更佳。

平面針織布
具有良好厚實感＆伸縮性的柔軟針織布料。色彩變化和圖案選擇相當豐富。

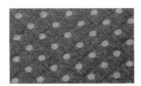

針織鋪棉布
在針織布中夾入棉布，呈現出柔軟蓬鬆感的布料，是柔軟＆肌膚觸感極佳的針織布。

泡泡布
將布料全部強力拉縮，作出凹凸質感的布料。接觸肌膚的部分比較少，因此會有滑溜涼爽的質感。

絨毛布（pile）
布料上會出現環狀結構的織品，通稱毛巾布料。吸濕性、保溫性高，肌膚觸感柔軟，因此適合嬰兒使用。

防水加工布
在布料正面貼上合成塑膠的布料，可以撥掉髒污和水，清洗也很簡單。可分為具有光澤的亮面款＆霧面的消光款。

<< 滾邊布條 >>

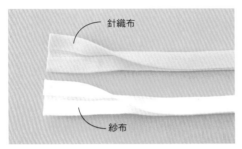

針織布

紗布

嬰兒用品的滾邊布特別推薦選用柔軟質感的針織材質滾邊條，或吸濕性＆透氣性佳的紗布材質斜紋布條。

<< 塑膠壓釦 >>

以塑膠壓釦當成鈕釦使用，既可省下製作鈕釦洞的步驟，又可以簡單穿脫。穿脫時相當輕柔，適合嬰兒用品。也因為是塑膠製品，不需擔心金屬過敏的問題。

該如何裝上塑膠壓釦呢？先準備一支塑膠壓釦專用的手動鉗子吧！

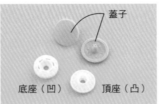

蓋子

底座（凹） 頂座（凸）

如圖所示，蓋子＆頂座（底座）皆是兩個為一組。

以手動鉗子壓上壓釦！

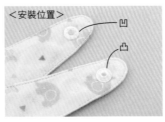

<安裝位置>

凹

凸

<< 超薄魔鬼氈 >>

因為是嬰兒使用的東西，硬材質的魔鬼氈不適合用於會接觸肌膚的衣物。嬰兒用品不妨使用柔軟材質的超薄魔鬼氈。

若以魔鬼氈製作，穿脫圍兜兜也很輕鬆！

超薄魔鬼氈 白色
寬25mm／15cm入
200円（未稅）／Clover
柔軟觸感的縫合型魔鬼氈。薄薄的，面積不大且柔軟，因此特別適合嬰兒用品的製作。

原寸紙型的使用方法

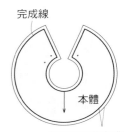

| 將原寸紙型紙從本書中裁剪下來。

◆將原寸紙型紙沿著裁切線裁剪下來。

◆確認目標作品的編號，及該紙型是以哪一種線條表示＆需要幾片。

◆作法頁面標示的「完成的頸圍尺寸」，為扣上壓釦或黏上魔鬼氈時的尺寸。
　使用鬆緊帶固定的作品，則是表示在沒有拉扯鬆緊帶的狀態下的尺寸。

---

2 複寫在另一張紙上。

在紙型上放置一張透明的紙（描圖紙等），以鉛筆描出紙型的輪廓。

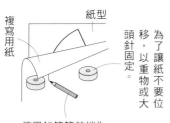

使用鉛筆等前端為尖銳狀的筆。

▶ 複寫紙型時的注意事項 ◀

不要忘記複寫「合印記號」、「安裝位置」、「止縫點」、「布紋」等記號，各部件的「名稱」也要一起寫上喔！

---

3 加上縫份，裁切紙型。

【加上縫份時的注意要點】

●紙型皆不包含縫份，
　請參閱作法頁面的標示外加縫份。

●需要對齊縫合的縫份處，
　以相同寬度為原則。

●沿著完成線平行地加上縫份。

●根據布料素材的性質（厚度、伸縮性）
　和縫製方法，縫份的寬度會有所差異。

完成線

本體

縫份為沿著完成線平行描繪。

---

4 將紙型配置在布料上，再裁剪布料。

●將必要的紙型擺放在布料上面。
　一邊留意紙型的布紋方向（直向）一邊配置，
　並避免布料移動地進行裁剪。

●裁剪兩片形狀沒有左右對稱的紙型，
　或領子等左右為一組的紙型時，
　將其中一邊的紙型翻轉再裁切即可。（參照下圖）

表領（正面）

裡領（正面）

將紙型翻轉後再裁切。

表本體（正面）　裡本體（正面）

將紙型翻轉後再裁切。

如果沒有大型的桌子，
可以將布料攤開在床等大面積的
空間裁剪喔！

先試著擺放上全部的紙型，構思配置。

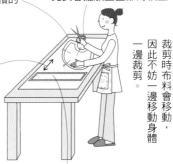

裁剪時布料會移動，因此不妨一邊裁剪一邊移動身體。

＊布紋方向（也稱為織紋，布料的織紋）。

＊直線的方向稱為直布紋，橫線的方向稱為橫布紋。

＊將畫上布紋線（↕）方向的紙型對齊直布紋的方向擺放。

＊裁剪之後，以轉印紙或水消筆畫出記號，再開始縫合。

直線裁的部分沒有附上原寸紙型，
請依製圖指示直接在布料上畫出記號後再裁剪。

不織布的裁剪方法
以厚紙板製作出紙型後，放在不織布上，再以水消筆描出輪廓。

※圍兜兜使用的不織布，請選用可以水洗的款式喔！

依序疊上厚紙板、複寫紙、複寫上圖案的紙，以硬式鉛筆（2H至3H）描出線條，將紙型複寫在厚紙板上。

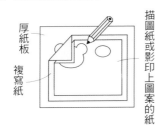

厚紙板

複寫紙

描圖紙或影印上圖案的紙

以剪刀沿著複寫在厚紙板上的線條剪下，即完成紙型。

將紙型放在不織布上，
以水消筆描出輪廓線條，作出記號。
（不織布沒有布紋的限制，
因此請盡可能不要浪費布料地裁剪。）

水消筆

不織布

紙型

開始製作之前

<< 關於中布…？ >>

本書刊登的部分作品為了提升吸濕性＆蓬鬆的觸感，會使用三片布進行縫製，此時夾入中間的布料即稱為中布。中布請選用二重紗等具有吸濕性的布料，且建議應挑選不會透出表布、干擾圖案的素面布料。

<< 製圖記號 >>

◆作法頁面的數字單位為cm（centimeter）。　◆本書標示的材料是在實際布寬的限制下，最低限度的使用量。

完成線	布紋（箭頭方向代表直布紋方向）	摺山線	鈕釦	壓釦・塑膠壓釦
——————	←————→	— — —	○	＋

<< 車縫的重點 >>

★起縫點＆止縫點

起縫點＆止縫點皆需回縫處理。回縫意指在同一個車縫處來回重複車縫2至3次。

★邊角的縫法

略過邊角的最後一針，就可以車縫出漂亮的角度。

降下壓布腳，斜斜地車縫下一針。

<< 燙開縫份，倒向…… >>

以縫紉機車縫兩片布料時，有將縫份往左右兩邊攤開的情形，也有將縫份倒向其中一邊的情形。

<< 漂亮地翻至正面 >>

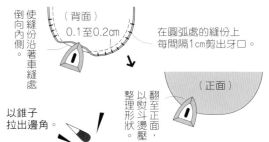

<< 將圓弧處滾邊時 >>

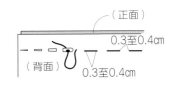

<< 基本的手縫方法 >>

以手縫方法製作時，作法指示中標示「車縫」的步驟請以「細平針縫」縫合喔！

★平針縫（一般針目）

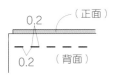

★細平針縫（細針目）

★疏縫（粗針目）

★回針縫

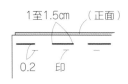

★立針縫

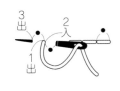

★藏針縫

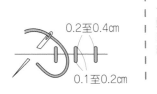

★縫線不會外露的藏針縫（閉合縫）

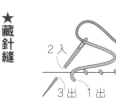

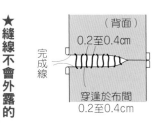

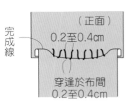

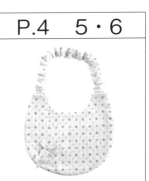

P.4　5・6

材料（1條）		
表布（二重紗・圖案）	100cm寬	30cm
中布（二重紗）	30cm寬	30cm
鬆緊帶	0.8cm寬	25cm
5 蝴蝶結配件		2個

★製圖&紙型皆不包含縫份。
全部皆外加0.7cm的縫份再裁布。

關於紙型　◆使用原寸紙型A面的5・6。

・紙型部件…本體
・頸圍的頸帶為直線裁，無原寸紙型。
　請依製圖標示，直接在布上畫出記號後裁剪即可。
・完成的頸圍尺寸約34cm

▢ 表示使用原寸紙型。

※鬆緊帶的長度請配合小嬰兒的頸圍調整喔！此外也請確認頭圍尺寸。

紙型・製圖

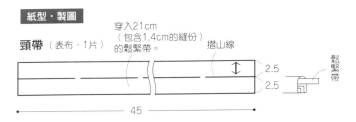

頸帶（表布・1片）
穿入21cm（包含1.4cm的縫份）的鬆緊帶
摺山線
2.5
2.5
45
鬆緊帶

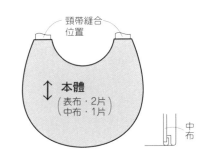

頸帶縫合位置

本體
（表布・2片
中布・1片）

中布

作法

1 製作頸帶。

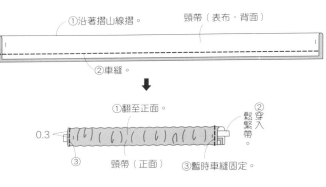

①沿著摺山線摺。
頸帶（表布・背面）
②車縫。

①翻至正面。
②穿入鬆緊帶
0.3
③
頸帶（正面）
③暫時車縫固定。

2 將頸帶縫在裡本體上。

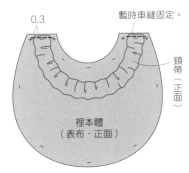

0.3
暫時車縫固定。
頸帶（正面）
裡本體（表布・正面）

3 將中本體暫時固定在表本體上。

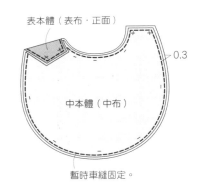

表本體（表布・正面）
0.3
中本體（中布）
暫時車縫固定。

4 將表本體&裡本體對齊縫合。

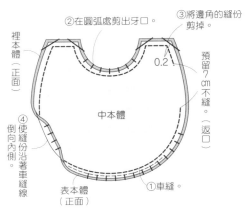

②在圓弧處剪出牙口。
③將邊角的縫份剪掉。
裡本體（正面）
0.2
預留7cm不縫。（返口）
中本體
④使縫份沿著車縫線倒向內側。
表本體（正面）
①車縫。

5 完成！

6

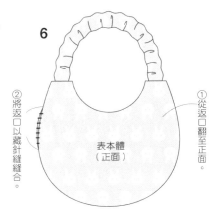

②將返口以藏針縫縫合。
表本體（正面）

5

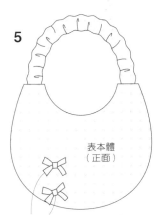

①從返口翻至正面。
表本體（正面）
取最佳位置，縫上蝴蝶結配件。

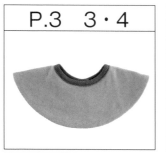

P.3　3・4

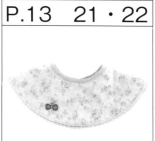

P.13　21・22

3・4材料（1條）		
3 表布（條紋纖維棉布）	40cm寬	40cm
3 中布（二重紗）	70cm寬	40cm
4 表布（絨毛布）	70cm寬	40cm
4 中布（二重紗）	40cm寬	40cm
滾邊布條（滾邊針織布條）	1.1cm寬	65cm
塑膠壓釦	直徑0.9cm	2組

21・22材料（1條）		
表布（二重紗・圖案）	70cm寬	40cm
中布（二重紗）	40cm寬	40cm
滾邊布條（斜紋布條包邊款）	1.1cm寬	65cm
手縫塑膠暗釦（縫合款）	直徑0.9cm	2組
蕾絲	**21** 1.6cm寬／**22** 1cm寬	1m30cm
22 燙貼布（H457-945）		1個

關於紙型　◆使用原寸紙型A面的 3・4・21・22。

・紙型部件…本體
・完成的頸圍尺寸約27至30cm

（灰色方塊）表示使用原寸紙型。

滾邊布　中布

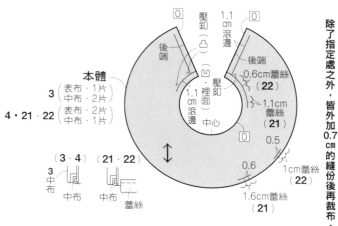

本體

3
（表布・1片）
（中布・2片）

4・21・22
（表布・2片）
（中布・1片）

（3・4）　（21・22）
3中布　中布　中布　蕾絲

★紙型皆不包含縫份。
□內的數字為縫份的尺寸。
除了指定處之外，皆外加0.7cm的縫份後再裁布。

作法

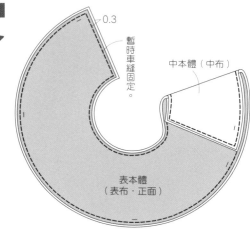

1 將中本體暫時車縫固定在表本體上。

0.3
暫時車縫固定。
中本體（中布）
表本體（表布・正面）

2 將表本體&裡本體對齊縫合。

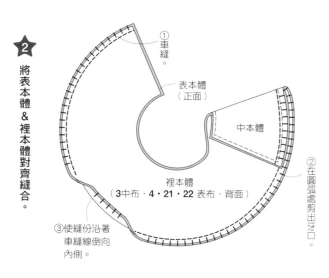

①車縫。
表本體（正面）
中本體
裡本體（3中布・4・21・22表布・背面）
②在圓弧處剪出牙口。
③使縫份沿著車縫線倒向內側。

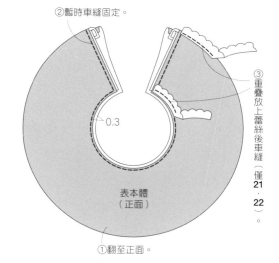

②暫時車縫固定。
0.3
③重疊放上蕾絲後車縫（僅21・22）。
表本體（正面）
①翻至正面。

34

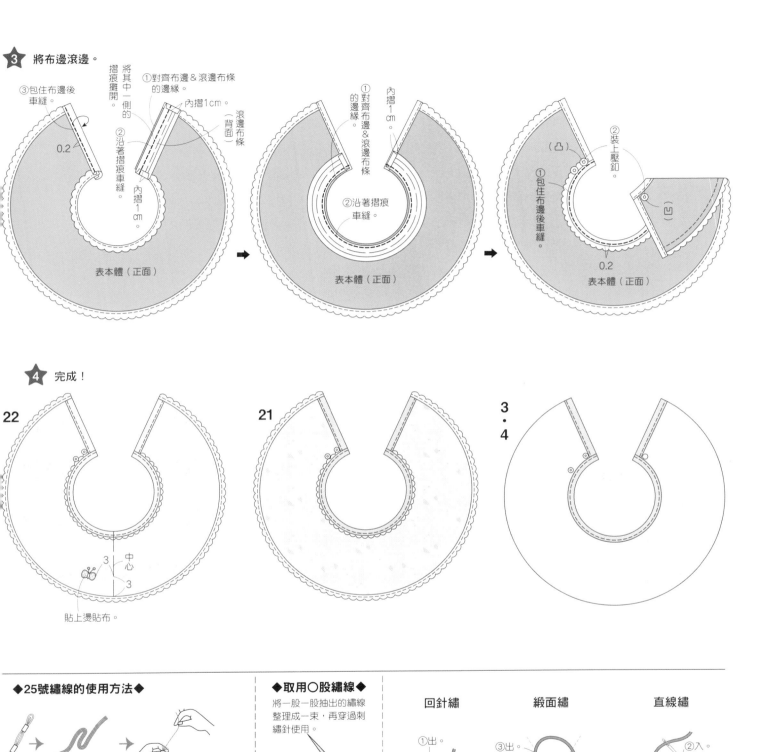

3 將布邊滾邊。

③包住布邊後車縫。

0.2

①對齊布邊＆滾邊布條的邊緣。

將其中一側的摺痕攤開。

內摺1cm。

②沿著摺痕車縫。

內摺1cm。

滾邊布條（背面）

表本體（正面）

①對齊布邊＆滾邊布條的邊緣。

內摺1cm。

②沿著摺痕車縫。

表本體（正面）

①包住布邊後車縫。

（凸）

②裝上壓釦。

（凸）

0.2

表本體（正面）

4 完成！

22

中心

3

3

貼上燙貼布。

21

3・4

◆**25號繡線的使用方法**◆

裁剪成方便使用的長度。

若一次拉扯數股繡線，會纏繞糾結在一起，請務必一股一股地抽出繡線。

◆**取用○股繡線**◆

將一股一股抽出的繡線整理成一束，再穿過刺繡針使用。

取2股繡線。

取3股繡線。

回針繡

①出。

③出。

②入。

緞面繡

③出。

①出。

②入。

直線繡

②入。

③出。

①出。

P.5　7・8

材料（1條）		
表布（二重紗・圖案）	寬50cm	40cm
中布（二重紗）	寬30cm	40cm
超薄魔鬼氈	寬2.5cm	5cm
緞帶A	寬1cm	10cm
緞帶B	寬0.6cm	10cm
緞帶C	寬0.3cm	10cm

關於紙型 ◆使用原寸紙型A面的7・8。

・紙型部件…本體
・翻轉後再裁剪的紙型…本體（表布1片）
・完成的頸圍尺寸約28cm

★紙型皆不包含縫份。
　全部皆外加0.7cm的縫份再裁布。

紙型 　表示使用原寸紙型。

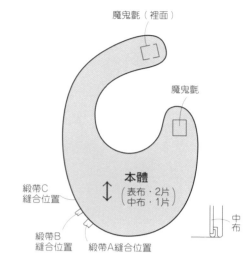

魔鬼氈（裡面）

魔鬼氈

緞帶C
縫合位置

本體
（表布・2片）
（中布・1片）

緞帶B
縫合位置

緞帶A縫合位置

中布

作法

1 將緞帶＆中本體暫時車縫固定在表本體上。

①暫時車縫固定。

將緞帶對摺。

表本體
（表布・正面）

長5.4cm的緞帶C

長6.4cm的緞帶B

0.3

長6.6cm的緞帶A

表本體
（正面）

0.3

暫時車縫固定。

中本體（中布）

2 將表本體＆裡本體對齊縫合。

中本體

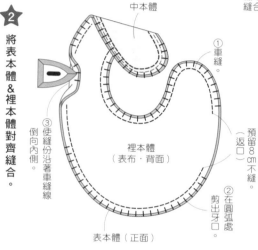

③使縫份沿著車縫線倒向內側。

①車縫。

預留8㎝不縫。（返口）

②在圓弧處剪出牙口。

裡本體
（表布・背面）

表本體（正面）

3 翻至正面，縫上魔鬼氈。

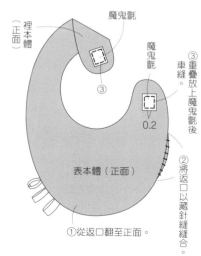

裡本體
（正面）

魔鬼氈

③

魔鬼氈

③重疊放上魔鬼氈後車縫。

0.2

表本體（正面）

②將返口以藏針縫縫合。

①從返口翻至正面。

4 完成！

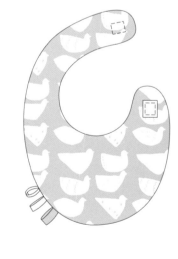

魔鬼氈

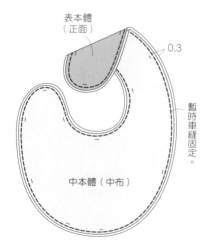

P.28　46・47

材料（1條）		
表布（二重紗・圖案）	50cm寬	40cm
中布（二重紗）	30cm寬	40cm
塑膠壓釦	直徑0.9cm	3組

關於紙型　◆使用原寸紙型B面的46・47。

・紙型部件…本體
・吊環布為直線裁，無原寸紙型。
　請依製圖標示，直接在布上畫出記號後裁剪即可。
・完成的頸圍尺寸約30cm至33cm

▭　表示使用原寸紙型。

★製圖＆紙型皆不包含縫份。
　□內的數字為縫份的尺寸。
　除了指定處之外，
　皆外加0.7cm的縫份後再裁布。

作法

① 製作吊環布。

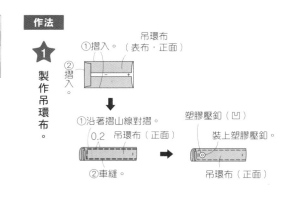

紙型・製圖

吊環布（表布・1片）

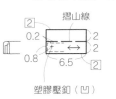

② 將中本體＆吊環布暫時車縫固定在表本體上。

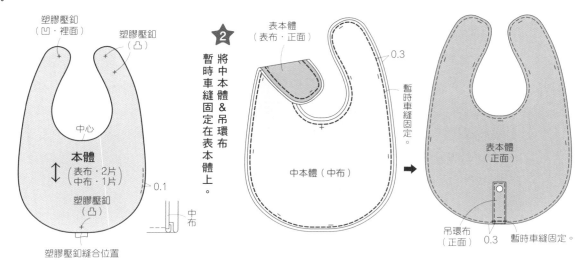

③ 將表本體＆裡本體對齊縫合。

④ 完成！

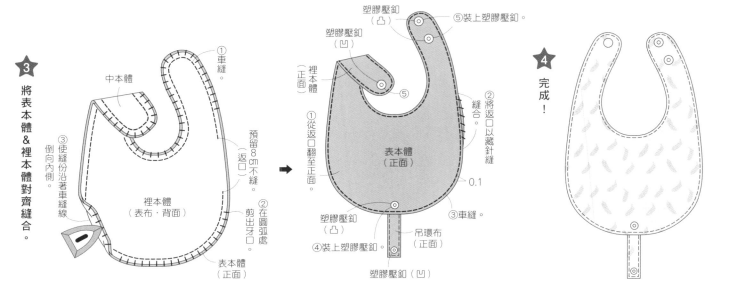

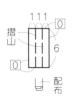

P.10　16

材料		
表布（花朵圖案棉布）	30cm寬	20cm
配布（條紋棉布）	60cm寬	20cm
裡布（棉布）	30cm寬	20cm
鬆緊帶	0.8cm寬	25cm

關於紙型　◆使用原寸紙型A面的16。

・紙型部件…本體、荷葉邊
・頸帶＆蝴蝶結A・B・C為直線裁，無原寸紙型。
　請依製圖標示，直接在布上畫出記號後裁剪即可。
・完成的頸圍尺寸約34cm

▨ **表示使用原寸紙型。**

紙型・製圖

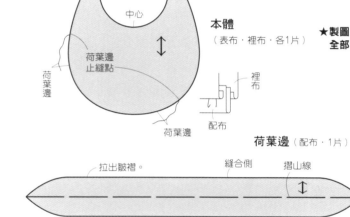

頸帶縫合位置
中心
本體
（表布・裡布・各1片）
荷葉邊止縫點
荷葉邊
荷葉邊
裡布
配布

★製圖＆紙型皆不包含縫份。
全部皆外加0.7cm的縫份再裁布。

荷葉邊（配布・1片）

拉出皺褶。　　縫合側　　摺山線

頸帶（配布・1片）

穿入21cm的鬆緊帶。
（包含1.4cm的縫份）　摺山線

2.5
2.5
鬆緊帶
配布
45

※鬆緊帶的長度請配合小嬰兒的頸圍調整喔！此外也請確認頭圍尺寸。

蝴蝶結C（配布・1片↕）

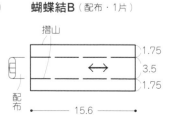
1 1 1
0　　0
摺山
6
0　　0
配布

蝴蝶結B（配布・1片）

摺山
1.75
3.5
1.75
配布
15.6

蝴蝶結A（配布・1片）

摺山
2
4
2
配布
8

作法

★1　製作蝴蝶結。

預留4cm不縫。（返口）
車縫。
蝴蝶結B（配布・背面）

↓

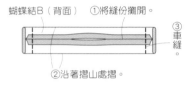

蝴蝶結B（背面）　①將縫份攤開。
③車縫。
②沿著摺山處摺。

↓

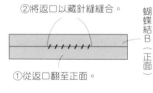

②將返口以藏針縫縫合。
蝴蝶結B（正面）
①從返口翻至正面。
※蝴蝶結A也以相同方法縫合。

↓

①摺入　②摺入
蝴蝶結C（正面）

↓

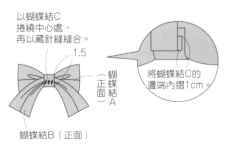

以蝴蝶結C捲繞中心處，
再以藏針縫縫合。
1.5
蝴蝶結A（正面）
蝴蝶結B（正面）
將蝴蝶結C的邊端內摺1cm。

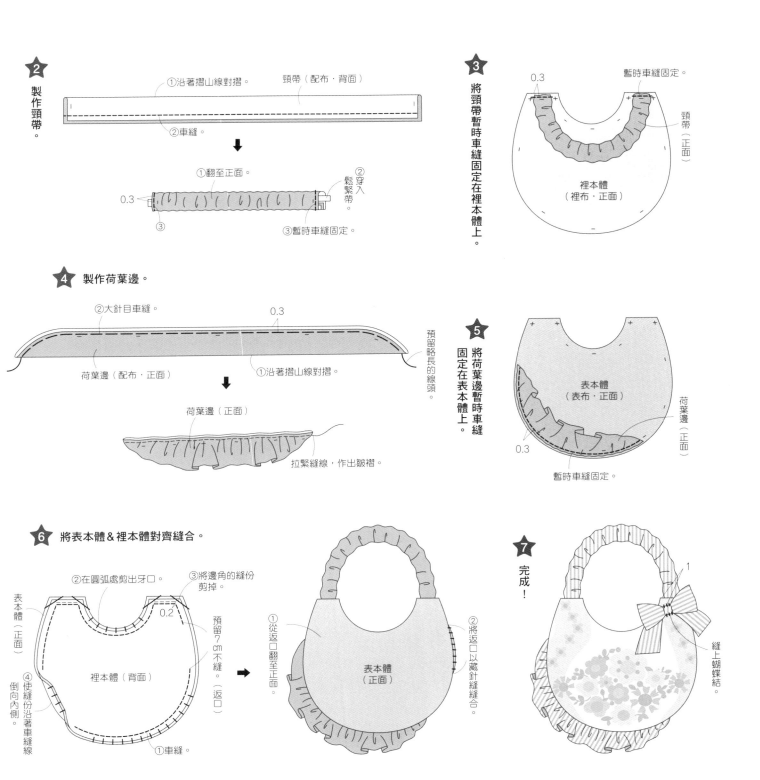

2 製作頸帶。

①沿著摺山線對摺。
頸帶（配布·背面）
②車縫。

①翻至正面。
0.3
②穿入鬆緊帶。
③
③暫時車縫固定。

3 將頸帶暫時車縫固定在裡本體上。

0.3
暫時車縫固定。
頸帶（正面）
裡本體（裡布·正面）

4 製作荷葉邊。

②大針目車縫。
0.3
荷葉邊（配布·正面）
①沿著摺山線對摺。
預留略長的線頭。

荷葉邊（正面）
拉緊縫線，作出皺褶。

5 將荷葉邊暫時車縫固定在表本體上。

表本體（表布·正面）
荷葉邊（正面）
0.3
暫時車縫固定。

6 將表本體＆裡本體對齊縫合。

②在圓弧處剪出牙口。
③將邊角的縫份剪掉。
表本體（正面）
0.2
預留7㎝不縫。（返口）
裡本體（背面）
④使縫份沿著車縫線倒向內側。
①車縫。

①從返口翻至正面。
表本體（正面）
②將返口以藏針縫縫合。

7 完成！

1
縫上蝴蝶結。

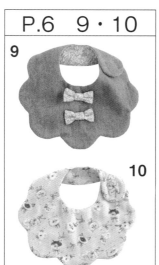

P.6 9·10

9

10

9材料		
表布（棉布）	30cm寬	40cm
中布（二重紗）	30cm寬	40cm
裡布（花朵圖案棉麻布）	30cm寬	40cm
超薄魔鬼氈	2.5cm寬	5cm

10材料		
表布（二重紗·圖案）	60cm寬	40cm
中布（二重紗）	30cm寬	40cm
超薄魔鬼氈	2.5cm寬	5cm

▨ 表示使用原寸紙型。

★ 製圖＆紙型皆不包含縫份。
　 □內的數字為縫份的尺寸。
　 除了指定處之外，皆外加0.7cm的縫份後再裁布。

關於紙型　◆使用原寸紙型A面的9·10。

· 紙型部件…本體
· 翻轉後再裁剪的紙型…本體（9裡布·10表布 1片）
· 蝴蝶結A·B為直線裁，無原寸紙型。
　請依製圖標示，直接在布上畫出記號後裁剪即可。
· 完成的頸圍尺寸約28cm

9蝴蝶結A（裡布·2片）　　**9蝴蝶結B**（裡布·2片）

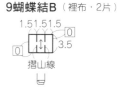

摺山線　　　　　　　　1.5.1.5.1.5
　　　2.5　　　　　　　　　　3.5
　　　2.5
5.5　　　　　　　　　摺山線

紙型·製圖

魔鬼氈（裡面）

魔鬼氈

本體
9（表布·裡布·中布 各1片）
10（表布·2片·中布·1片）

9裡布

中布

作法

1 將中本體暫時車縫固定在裡本體上。

 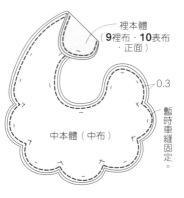

裡本體（9裡布·10表布·正面）
0.3
暫時車縫固定
中本體（中布）

2 將表本體＆裡本體對齊縫合。

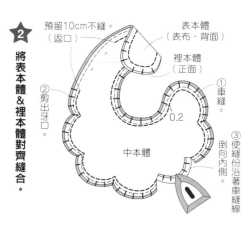

預留10cm不縫。（返口）
表本體（表布·背面）
裡本體（正面）
②剪出牙口
①車縫。
0.2
③使縫份沿著車縫線倒向內側。
中本體

3 翻至正面

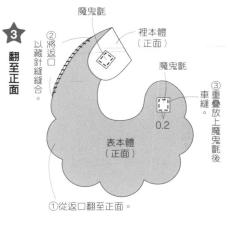

②將返口以藏針縫縫合。
魔鬼氈
裡本體（正面）
魔鬼氈
③重疊放上魔鬼氈後車縫。
0.2
表本體（正面）
①從返口翻至正面。

4 製作蝴蝶結（僅9）。

 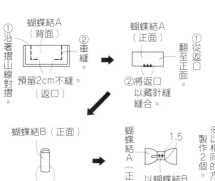 

①沿著摺山線對摺。
蝴蝶結A（背面）
②車縫。
預留2cm不縫。（返口）

蝴蝶結A（正面）
①從返口翻至正面。
②將返口以藏針縫縫合。

蝴蝶結B（正面）
沿著摺山線摺疊。

蝴蝶結A（正面）
1.5
以蝴蝶結B捲繞中心處，再以藏針縫縫合。

※以相同的方法製作2個。

5 完成！

9
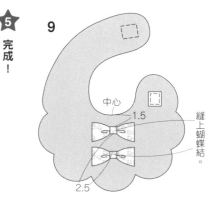
中心
1.5
2.5
縫上蝴蝶結。

10
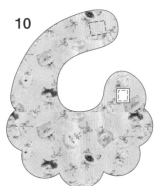
縫上蝴蝶結。

P.9 14·15

材料（1條）		
表布（14二重紗／15條紋針織布）	50cm寬	40cm
配布（二重紗）	50cm寬	40cm
超薄魔鬼氈	2.5cm寬	5cm

表示使用原寸紙型。

關於紙型

◆使用原寸紙型A面的14·15。

・紙型部件…本體
・翻轉後再裁剪的紙型…圍領（配布2片）
・完成的頸圍尺寸約28.5cm

紙型

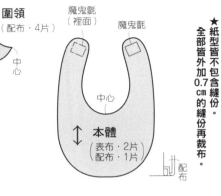

圍領（配布·4片）
中心
配布

魔鬼氈（裡面）
魔鬼氈
中心

本體
表布·2片
配布·1片
配布

★紙型皆不包含縫份。全部皆外加0.7cm的縫份再裁布。

作法

1 製作圍領。

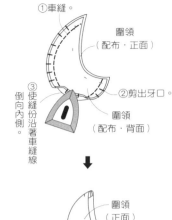

①車縫。
圍領（配布·正面）
②剪出牙口。
③使縫份沿著車縫線倒向內側。
圍領（配布·背面）

圍領（正面）
翻至正面。

※另一個作法亦同。

2 將圍領暫時車縫固定在表本體上。

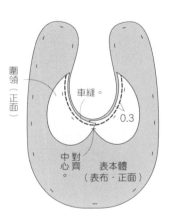

圍領（正面）
車縫。
0.3
中心對齊。
表本體（表布·正面）

3 將中本體暫時車縫固定在裡本體上。

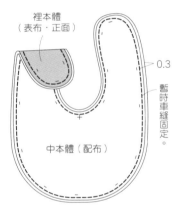

裡本體（表布·正面）
0.3
暫時車縫固定。
中本體（配布）

4 將表本體&裡本體對齊縫合。

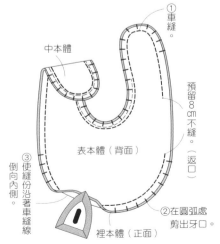

中本體
①車縫。
預留8cm不縫。（返口）
表本體（背面）
③使縫份沿著車縫線倒向內側。
②在圓弧處剪出牙口。
裡本體（正面）

5 翻回正面。

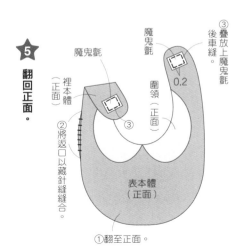

魔鬼氈
魔鬼氈
後車縫
③疊放上魔鬼氈
裡本體（正面）
圍領（正面）
0.2
③
②將返口以藏針縫縫合。
表本體（正面）
①翻至正面。

6 完成！

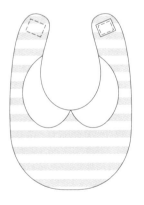

P.8　13

材料		
表布（平面針織布・點點）	40cm寬	20cm
配布A（平面針織布・白色）	70cm寬	30cm
配布B（平面針織布・水藍色）	40cm寬	10cm
手縫塑膠暗釦	直徑1.3cm	2組
織帶	0.8cm寬	80cm
手工藝用棉花		少許

 表示使用原寸紙型。

蝴蝶結A（配布B・2片）

蝴蝶結B（配布B・1片）

關於紙型　◆使用原寸紙型A面的13。

・紙型部件…本體、圍領A・B、蝴蝶結A
・蝴蝶結B為直線裁，無原寸紙型。
　請依製圖標示，直接在布上畫出記號後裁剪即可。
・翻轉後再裁剪的紙型…圍領A・B（配布A各1片）
・完成的頸圍尺寸約30.5cm

★製圖&紙型皆不包含縫份。
　口內的數字為縫份的尺寸。
　除了指定處之外，皆外加0.7cm的縫份再裁布。

紙型・製圖

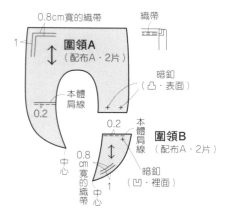

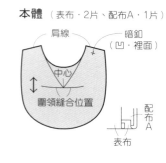

作法

1 將織帶縫在圍領表布上。

邊角的車縫方法

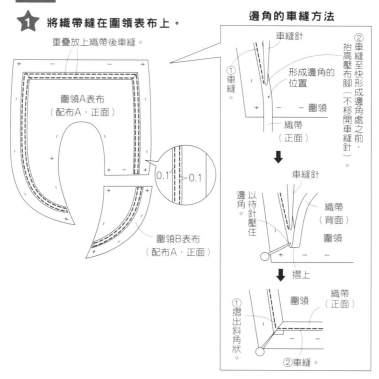

2 表將圍領A表布&圍領A裡布對齊縫合。

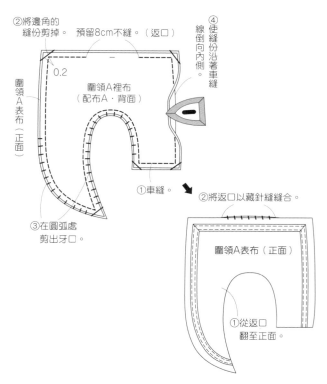

③ 將圍領B表布&圍領B裡布對齊縫合。

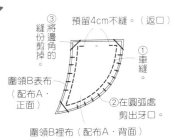

③將邊角的縫份剪掉。
預留4cm不縫。（返口）
①車縫。
圍領B表布（配布A‧正面）
②在圓弧處剪出牙口。
圍領B裡布（配布A‧背面）

②將返口以藏針縫縫合。
①沿著車縫線燙開縫份，翻至正面。
圍領B表布（正面）

④ 將中本體暫時車縫固定在表本體上。

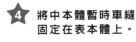
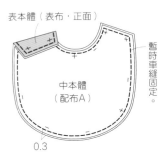

表本體（表布‧正面）
中本體（配布A）
暫時車縫固定。
0.3

⑤ 將表本體&裡本體對齊縫合。

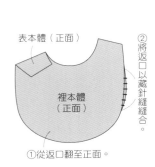

裡本體（表布‧正面）
②在圓弧處剪出牙口。
①車縫。
③將邊角的縫份剪掉。
0.2
中本體
預留8㎝不縫。（返口）
④使縫份沿著車縫線倒向內側。
表本體（正面）

表本體（正面）
②將返口以藏針縫縫合。
裡本體（正面）
①從返口翻至正面。

⑥ 製作蝴蝶結。

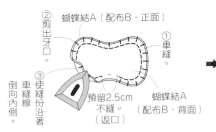

②剪出牙口。
蝴蝶結A（配布B‧正面）
①車縫。
③使縫份沿著車縫線倒向內側。
預留2.5cm不縫。（返口）
蝴蝶結A（配布B‧背面）

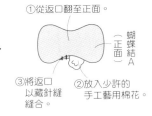

①從返口翻至正面。
蝴蝶結A（正面）
③將返口以藏針縫縫合。
②放入少許的手工藝用棉花。

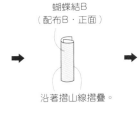

蝴蝶結B（配布B‧正面）
沿著摺山線摺疊。

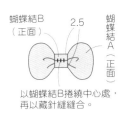

蝴蝶結B（正面）
2.5
蝴蝶結A（正面）
以蝴蝶結B捲繞中心處，再以藏針縫縫合。

⑦ 將圍領縫在本體上。

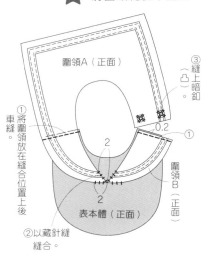

圍領A（正面）
③縫上暗釦。（凸）
0.2
①
①將圍領放在縫合位置上後車縫。
圍領B（正面）
2
2
表本體（正面）
②以藏針縫縫合。

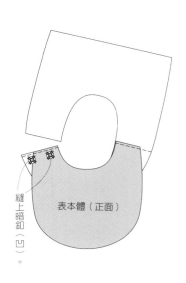

縫上暗釦（凹）
表本體（正面）

⑧ 完成！

縫上蝴蝶結。

P.11　17・18

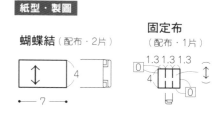

材料（1條）		
表布（花朵圖案棉布）	50cm寬	30cm
裡布（心形圖案棉布）	30cm寬	30cm
配布（花朵圖案棉布）	30cm寬	10cm
鋪棉襯	30cm寬	30cm
鬆緊帶	0.8cm寬	30cm
蕾絲A	2.3cm寬	20cm
蕾絲B（附球球）	2cm寬	40cm
蕾絲C（皺褶蕾絲）	3cm寬	70cm

關於紙型　◆使用原寸紙型A面的17・18。

・紙型部件…本體
・蝴蝶結・固定布・頸帶皆為直線裁，無原寸紙型。
　請依製圖標示，直接在布上畫出記號後裁剪即可。
・完成的頸圍尺寸約31.5cm

▨　表示使用原寸紙型。

※鬆緊帶的長度請配合小嬰兒的頸圍調整喔！
　此外也請確認頭圍尺寸。

★製圖＆紙型皆不包含縫份。
　□內的數字為縫份的尺寸。
　除了指定處之外，
　皆外加0.7cm的縫份再裁布。

紙型・製圖

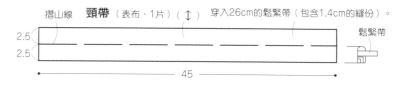

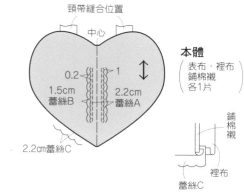

作法

1 製作頸帶。

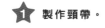

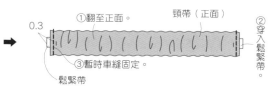

2 製作蝴蝶結。

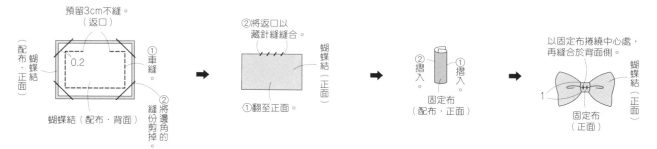

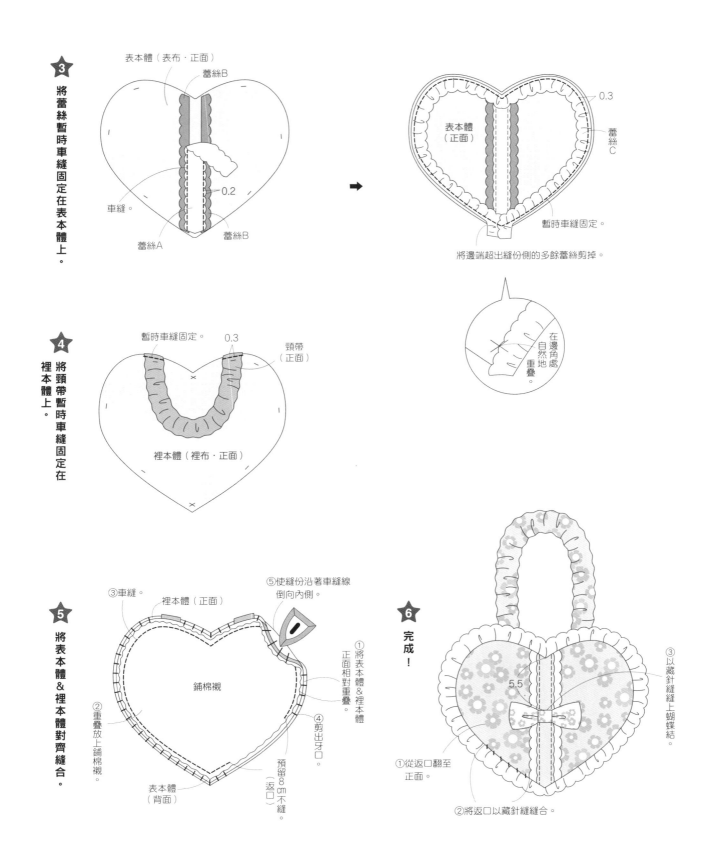

3

將蕾絲暫時車縫固定在表本體上。

表本體（表布・正面）
蕾絲B
0.2
車縫。
蕾絲A
蕾絲B

表本體（正面）
0.3
蕾絲C
暫時車縫固定。

將邊端超出縫份側的多餘蕾絲剪掉。

在邊角處自然地重疊。

4

將頸帶暫時車縫固定在裡本體上。

暫時車縫固定。
0.3
頸帶（正面）
裡本體（裡布・正面）

5

將表本體&裡本體對齊縫合。

③車縫。
裡本體（正面）
⑤使縫份沿著車縫線倒向內側。
②重疊放上鋪棉襯。
鋪棉襯
①將表本體&裡本體正面相對重疊。
④剪出牙口。
預留8㎝不縫。（返口）
表本體（背面）

6

完成！

③以藏針縫縫上蝴蝶結。
5.5
①從返口翻至正面。
②將返口以藏針縫縫合。

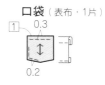

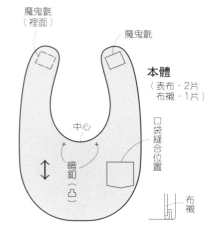

P.12　19・20

材料（1條）		
表布（棉布）	50cm寬	40cm
配布（棉布）	20cm寬	20cm
布襯	30cm寬	40cm
超薄魔鬼氈	2.5cm寬	5cm
手縫塑膠暗鈕	直徑1cm	2組

表示使用原寸紙型。

口袋（表布・1片）

關於紙型　◆使用原寸紙型A面的19・20。

・紙型部件…本體、圍領、領帶A・B、口袋
・翻轉後再裁剪的紙型…圍領（表布2片）
・領帶固定布為直線裁，無原寸紙型。
　請依製圖標示，直接在布上畫出記號後裁剪即可。
・完成的頸圍尺寸約28.5cm

★製圖&紙型皆不包含縫份。□內的數字為縫份的尺寸。
　除了指定處之外，皆外加0.7cm的縫份後再裁布。

紙型・製圖

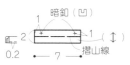

領帶固定布（配布・1片）

領帶A
（配布・2片）

領帶B
（配布・2片）

圍領
（表布・4片）

本體
（表布・2片
布襯・1片）

中心

口袋縫合位置

布襯

作法

※在開始縫合之前，將表本體貼上布襯之後，再開始縫合。（貼法參見P.70）

縫製領帶A。

將領帶A&B對齊縫合。

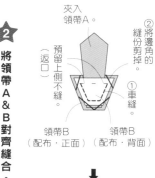

縫製領帶固定布。

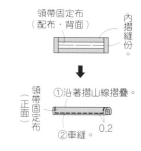

將領帶固定布縫在領帶上。

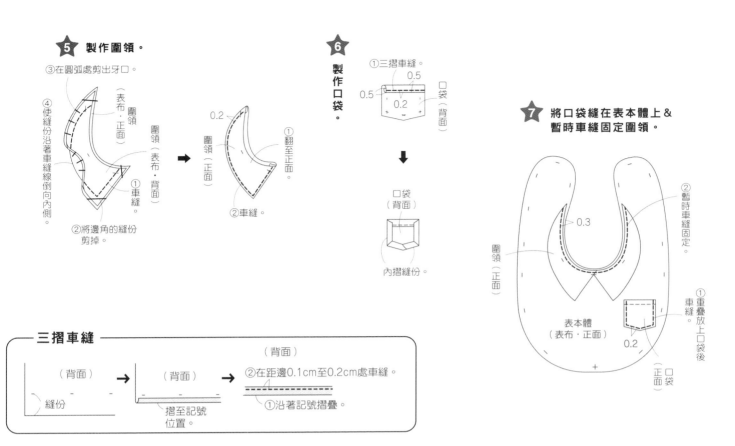

5 製作圍領。

③在圓弧處剪出牙口。

④使縫份沿著車縫線倒向內側。

（表布‧正面）

圍領（表布‧正面）

①車縫。

②將邊角的縫份剪掉。

圍領（表布‧背面）

0.2

①翻至正面。

圍領（正面）

②車縫。

6 製作口袋。

①三摺車縫。

0.5

0.5

0.2

口袋（背面）

口袋（背面）

內摺縫份。

7 將口袋縫在表本體上 & 暫時車縫固定圍領。

②暫時車縫固定。

0.3

圍領（正面）

表本體（表布‧正面）

0.2

①重疊放上口袋後車縫。

①重疊放上口袋後正面。口袋

─ **三摺車縫** ─

（背面）

縫份

（背面）

摺至記號位置。

②在距邊0.1cm至0.2cm處車縫。

①沿著記號摺疊。

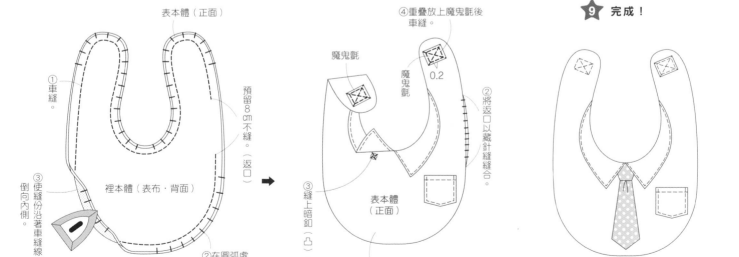

8 將表本體 & 裡本體對齊縫合。

表本體（正面）

①車縫。

預留8㎝不縫。（返口）

裡本體（表布‧背面）

③使縫份沿著車縫線倒向內側。

②在圓弧處剪出牙口。

④重疊放上魔鬼氈後車縫。

魔鬼氈

魔鬼氈

0.2

②將返口以藏針縫縫合。

③縫上暗釦（凸）。

表本體（正面）

①從返口翻至正面。

9 完成！

P.15　24

★製圖＆紙型皆不包含縫份。
　□內的數字為縫份的尺寸。
　除了指定處之外，
　皆外加0.7cm的縫份後再裁布。

材料		
表布（棉布・黑色）	60cm寬	40cm
配布A（棉布・白色）	30cm寬	20cm
配布B（條紋棉布）	20cm寬	20cm
布襯	30cm寬	40cm
超薄魔鬼氈	2.5cm寬	5cm
包釦	直徑1.2cm	3個

表示使用原寸紙型。

關於紙型　◆使用原寸紙型A面的24。

・紙型部件…本體A・B、包釦用布
・翻轉後再裁剪的紙型…本體A（表布2片、布襯1片）
・蝴蝶結A・B・C為直線裁，無原寸紙型。
　請依製圖標示，直接在布上畫出記號後裁剪即可。
・完成的頸圍尺寸約30.5cm

蝴蝶結A
（表布・1片）

3
3
摺山線
←6.5→

蝴蝶結B
（配布B・1片）

3
3
摺山線
←6→

蝴蝶結C
（↗・配布B・1片）

1.5 1.5 1.5
0
0
3.5
摺山線

紙型・製圖

包釦布
↕（配布A・3片）

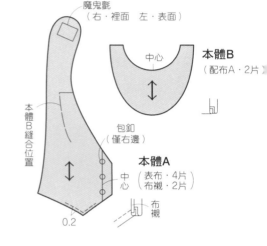

魔鬼氈
（右・裡面　左・表面）

中心

本體B
（配布A・2片）

本體B縫合位置

包釦邊
（僅右邊）

本體A
（表布・4片）
（布襯・2片）

中心

布襯

0.2

作法　※在開始縫合之前，將本體A表布貼上布襯之後，再開始車縫。（貼法參見P.70）

1　**將本體A對齊縫合。**

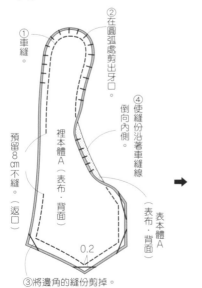

①車縫。
②在圓弧處剪出牙口。
④使縫份沿著車縫線倒向內側。
裡本體A（表布・背面）
預留8cm不縫。（返口）
③將邊角的縫份剪掉。
表本體A（表布・背面）
0.2

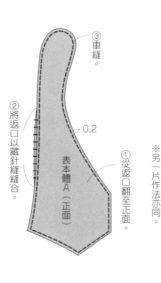

③車縫。
②將返口翻至正面。
表本體A（正面）
0.2
①從返口翻至正面。
②將返口以藏針縫合。
※另一片作法亦同。

2　**將本體B對齊縫合。**

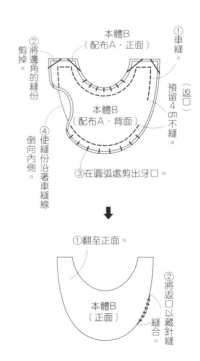

①車縫。
預留4cm不縫。
②將邊角的縫份剪掉。
本體B（配布A・正面）
本體B（配布A・背面）
④使縫份沿著車縫線倒向內側。
③在圓弧處剪出牙口。

①翻至正面。

本體B（正面）
②將返口以藏針縫合。

48

⭐3 將本體A & 本體B對齊縫合。

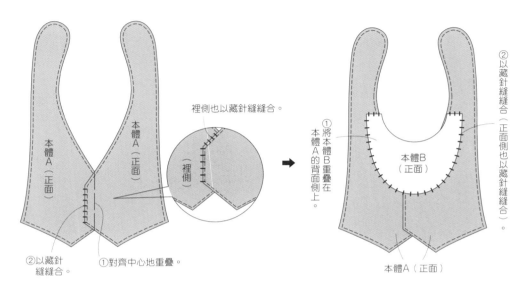

本體A（正面）
本體A（正面）
②以藏針縫縫合。
①對齊中心地重疊。
裡側也以藏針縫縫合。
（裡側）

①將本體B重疊在本體A的背面側上。
②以藏針縫縫合（正面側也以藏針縫縫合）。
本體B（正面）
本體A（正面）

⭐4 製作包釦。

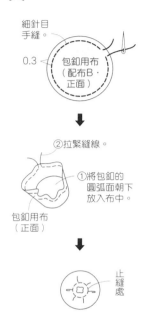

細針目手縫。
0.3
包釦用布（配布B·正面）

②拉緊縫線。
①將包釦的圓弧面朝下放入布中。
包釦用布（正面）

止縫處

⭐5 將魔鬼氈 & 包釦縫在本體上。

②重疊放上魔鬼氈後車縫。
0.2
本體A（正面）
①縫上包釦。

⭐6 製作蝴蝶結。

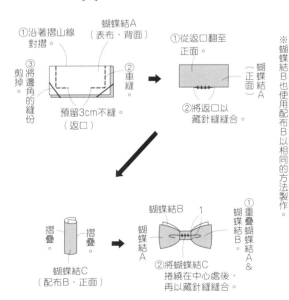

①沿著摺山線對摺。
蝴蝶結A（表布·背面）
②車縫
③將邊角的縫份剪掉。
預留3cm不縫。（返口）

①從返口翻至正面。
②將返口以藏針縫縫合。
蝴蝶結A（正面）

摺疊 摺疊
蝴蝶結C（配布B·正面）

蝴蝶結B 1
蝴蝶結A 蝴蝶結A
①重疊蝴蝶結A & 蝴蝶結B。
蝴蝶結B
②將蝴蝶結C捲繞在中心處後，再以藏針縫縫合。

※蝴蝶結B也使用配布B以相同的方法製作。

⭐7 完成！

縫上蝴蝶結。

P.14 23

表示使用原寸紙型。

材料		
表布（綢緞布）	50cm寬	30cm
配布（薄綢緞布）	90cm寬	30cm
布襯	50cm寬	30cm
超薄魔鬼氈	2.5cm寬	5cm
緞帶A	3.5cm寬	30cm
緞帶B	1.9cm寬	80cm

關於紙型　◆使用原寸紙型A面的23。

・紙型部件…本體、袖子荷葉邊
・上層裙片、下層裙片為直線裁，無原寸紙型。
　請依製圖標示，直接在布上畫出記號後裁剪即可。
・完成的頸圍尺寸約29cm

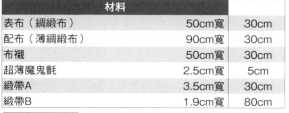

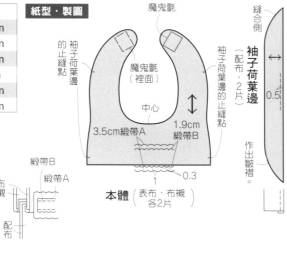

紙型・製圖

魔鬼氈

縫合側

的袖止子縫荷點葉邊

袖子荷葉邊的止縫點

魔鬼氈（裡面）

中心

3.5cm緞帶A

1.9cm緞帶B

袖子荷葉邊（配布・2片）

0.5

作出皺褶。

緞帶B

緞帶A

布襯

配布

1

0.3

本體（表布・布襯 各2片）

17	0.5	作出皺褶。	0.5
		下層裙片（配布・1片）	↕
	0.5		
		40	

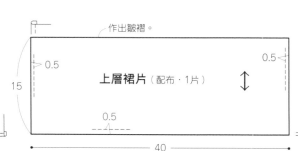

15	0.5	作出皺褶。	0.5
		上層裙片（配布・1片）	↕
	0.5		
		40	

★製圖&紙型皆不包含縫份。□內的數字為縫份的尺寸。　除了指定處之外，皆外加0.7cm的縫份再裁布。

作法　※在開始車縫之前，將裡本體、表布皆貼上布襯之後，再開始車縫。（貼法參見P.70）

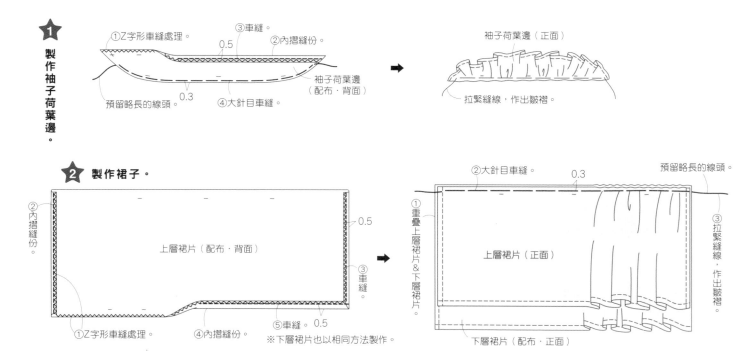

★1 製作袖子荷葉邊。

①Z字形車縫處理。
③車縫。
②內摺縫份。
0.5
④大針目車縫。
0.3
預留略長的線頭。
袖子荷葉邊（配布・背面）

→

袖子荷葉邊（正面）
拉緊縫線，作出皺褶。

★2 製作裙子。

②內摺縫份。
上層裙片（配布・背面）
0.5
③車縫。
①Z字形車縫處理。
④內摺縫份。
⑤車縫。 0.5
※下層裙片也以相同方法製作。

→

②大針目車縫。
0.3
預留略長的線頭。
①重疊上層裙片&下層裙片。
上層裙片（正面）
③拉緊縫線，作出皺褶。
下層裙片（配布・正面）

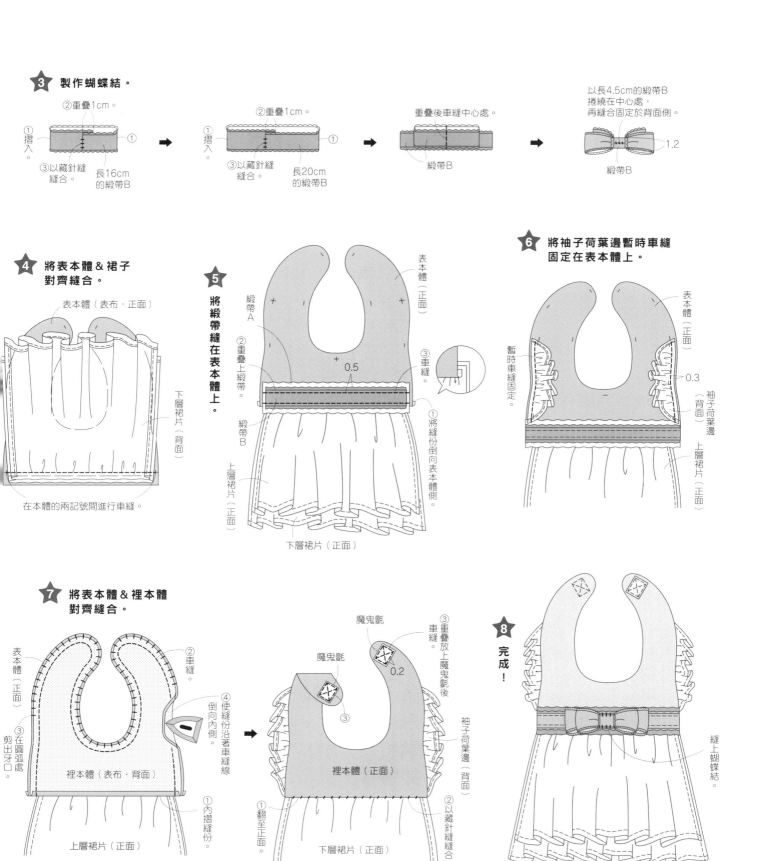

③ 製作蝴蝶結。

②重疊1cm。
①摺入。
③以藏針縫縫合。
長16cm的緞帶B

②重疊1cm。
①摺入。
③以藏針縫縫合。
長20cm的緞帶B

重疊後車縫中心處。
緞帶B

以長4.5cm的緞帶B捲繞在中心處，再縫合固定於背面側。
緞帶B
1.2

④ 將表本體＆裙子對齊縫合。

表本體（表布・正面）
下層裙片（背面）
在本體的兩記號間進行車縫。

⑤ 將緞帶縫在表本體上。

緞帶A
②重疊上緞帶。
表本體（正面）
0.5
③車縫。
①將縫份倒向表本體側。
緞帶B
上層裙片（正面）
下層裙片（正面）

⑥ 將袖子荷葉邊暫時車縫固定在表本體上。

表本體（正面）
暫時車縫固定。
0.3
袖子荷葉邊（背面）
上層裙片（正面）

⑦ 將表本體＆裡本體對齊縫合。

表本體（正面）
②車縫。
③在圓弧處剪出牙口。
④使縫份沿著車縫線倒向內側。
裡本體（表布・背面）
①內摺縫份。
上層裙片（正面）

魔鬼氈
魔鬼氈
③重疊放上魔鬼氈後車縫。
0.2
③
①翻至正面。
裡本體（正面）
②以藏針縫縫合。
下層裙片（正面）
袖子荷葉邊（背面）

⑧ 完成！

縫上蝴蝶結。

51

P.16　25・26

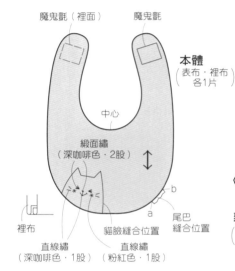

材料（1條）		
表布（棉布・圖案）	30cm寬	40cm
裡布（棉布）	30cm寬	40cm
配布（條紋棉布）	20cm寬	10cm
不織布（25米色／26灰色）	10cm寬	10cm
超薄魔鬼氈	2.5cm寬	5cm
手工藝用棉花		少許
25號繡線（深咖啡色、粉紅色）		

紙型

關於紙型

◆使用原寸紙型A面的25・26。

・紙型部件…本體、貓臉、尾巴
・翻轉後再裁剪的紙型…尾巴（配布 1片）
・完成的頸圍尺寸約27cm

★製圖＆紙型皆不包含縫份。
　□內的數字為縫份的尺寸。
　除了指定處之外，皆外加0.7cm的縫份後再裁布。

作法

1 製作尾巴。

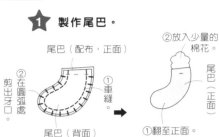

②放入少量的棉花。

尾巴（配布・正面）

②在圓弧處剪出牙口。

①車縫。

尾巴（背面）

①翻至正面。

尾巴（正面）

本體
（表布・裡布）
各1片

表示使用原寸紙型。

貓臉
（25 不織布　米色・1片
26 不織布　灰色・1片）

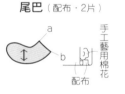
尾巴（配布・2片）

a

b

手工藝用棉花

配布

魔鬼氈（裡面）　魔鬼氈

中心

緞面繡
（深咖啡色・2股）

裡布

直線繡
（深咖啡色・1股）

貓臉縫合位置

直線繡
（粉紅色・1股）

b

a

尾巴
縫合位置

2 將尾巴＆貓臉縫在表本體上。

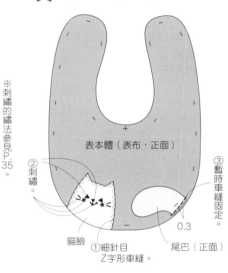

※刺繡的繡法參見P.35。

②刺繡

表本體（表布・正面）

③暫時車縫固定。

貓臉

①細針目
Z字形車縫。

尾巴（正面）

0.3

3 將表本體＆裡本體對齊縫合。

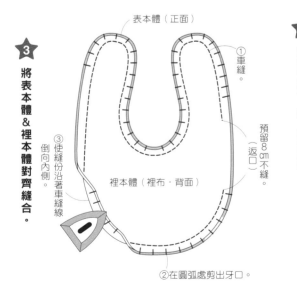

表本體（正面）

①車縫。

③使縫份沿著車縫線倒向內側。

（返口）

預留8.5cm不縫。

裡本體（裡布・背面）

②在圓弧處剪出牙口。

4 翻至正面，縫上魔鬼氈。

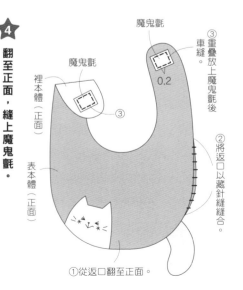

魔鬼氈

魔鬼氈

裡本體（正面）

③

③重疊放上魔鬼氈後車縫。

0.2

②將返口以藏針縫縫合。

表本體（正面）

①從返口翻至正面。

5 完成！

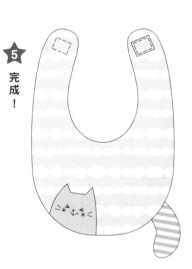

P.19　31

材料		
表布（平面針織布・紅色）	50cm寬	30cm
鋪棉襯	30cm寬	30cm
鬆緊帶	0.8cm寬	30cm
不織布（白色・水藍色）	10cm寬	各10cm
不織布（黑色・灰色）	10cm寬	各5cm
不織布（黃色）	5cm寬	5cm寬
25號繡線（白色・黑色・水藍色・灰色・黃色）		

作法

⭐1　**將不織布縫在表本體上。**

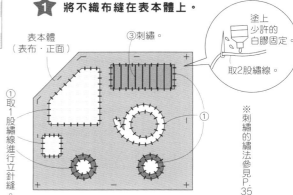

表本體（表布・正面）
③刺繡。
①取1股繡線進行立針縫。
塗上少許的白膠固定。
取2股繡線。
※刺繡的繡法參見P.35。

關於紙型

◆使用原寸紙型B面的31。

・紙型部件…本體、窗戶、梯子
　　　　　車燈、水管、輪胎A・B
・翻轉後再裁剪的紙型…本體（表布 1片）
・頸帶為直線裁，無原寸紙型。
　請依製圖標示，直接在布上畫出記號後
　裁剪即可。
・完成的頸圍尺寸約33cm

紙型・製圖

全部皆為 ⓪

梯子（不織布 灰色・1片）
全部皆為 ⓪

窗戶（不織布 水藍色・1片）
全部皆為 ⓪

水管（不織布 白色 1片）
全部皆為 ⓪

車燈（不織布 黃色 1片）
⓪

輪胎A（不織布 黑色 2片）
⓪

輪胎B（不織布 白色 2片）

▢ 表示使用原寸紙型。

⭐2　**將頸帶暫時車縫固定在裡本體上。**

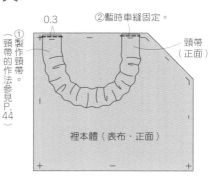

0.3
②暫時車縫固定。
①製作頸帶。（頸帶的作法參見P.44）
頸帶（正面）
裡本體（表布・正面）

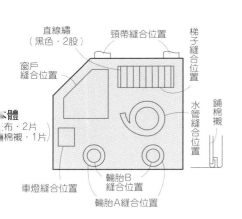

直線繡（黑色・2股）
頸帶縫合位置
梯子縫合位置
窗戶縫合位置
水管縫合位置
鋪棉襯
本體（布・2片 棉襯・1片）
車燈縫合位置
輪胎B縫合位置
輪胎A縫合位置

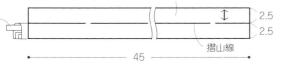

頸帶（表布・1片）　穿入26cm的鬆緊帶（包含1.4cm的縫份）
鬆緊帶
2.5
2.5
摺山線
45

※鬆緊帶的長度請配合小嬰兒的頸圍調整喔！
　此外也請確認頭圍尺寸。

★製圖&紙型皆不包含縫份。
　▢內的數字為縫份的尺寸。
　除了指定處之外，皆外加0.7cm的縫份再裁布。

⭐3　**將表本體&裡本體對齊縫合。**

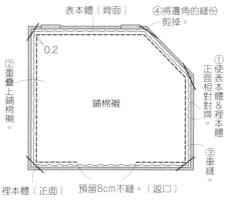

表本體（背面）
④將邊角的縫份剪掉。
0.2
②重疊上鋪棉襯。
鋪棉襯
①使表本體&裡本體正面相對對齊。
③車縫。
裡本體（正面）
預留8cm不縫。（返口）

⭐4　**完成！**

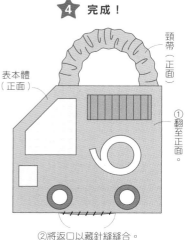

表本體（正面）
頸帶（正面）
①翻至正面。
②將返口以藏針縫縫合。

P.17 27

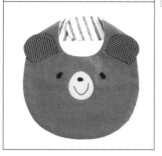

P.17 28

27材料		
表布（棉布）	50cm寬	40cm
配布（點點棉布）	40cm寬	10cm
不織布（黑色）	10cm寬	10cm
超薄魔鬼氈	2.5cm寬	5cm
25 號繡線（原色・黑色）		

28材料		
表布（棉布）	30cm寬	40cm
裡布（棉絨布・條紋）	30cm寬	40cm
配布（點點棉布）	20cm寬	10cm
不織布（米色）	10cm寬	5cm
超薄魔鬼氈	2.5cm寬	5cm
25 號繡線（深咖啡色・黑色）		

關於紙型

◆使用原寸紙型B面的27・28。

・紙型部件…本體、耳朵、27眼睛、28鼻子
・完成的頸圍尺寸約26cm

▢ 表示使用原寸紙型。

★紙型皆不包含縫份。
　▢內的數字為縫份的尺寸。
　除了指定處之外，皆外加0.7cm的縫份再裁布。

紙型

耳朵（27 配布・4片／28 配布・表布 各2片）

28 表布　27 配布

配布　↕0.3　0.1

27 眼睛
（不織布 黑色・2片）

▢

28 鼻子
（不織布 米色・1片）
▢

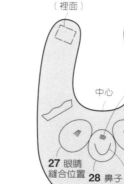

魔鬼氈（裡面）　魔鬼氈

中心

緞面繡（黑色・4股）

耳朵縫合位置

本體
27 表布・2片
28 表布・裡布 各1片

27 眼睛縫合位置

28 鼻子縫合位置

緞面繡（27 原色・3股／28 黑色・4股）

28 裡布

回針繡（27 黑色・28 深咖啡色・4股）

作法

⭐1 製作耳朵。

耳朵裡布（27配布・28表布 正面）

② 剪出牙口。

① 車縫。

耳朵表布（配布・正面）

↓

① 翻至正面。

耳朵表布（正面）

② 將縫份往中間摺入。

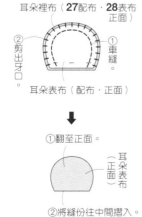

⭐2 將五官縫在表本體上。

27

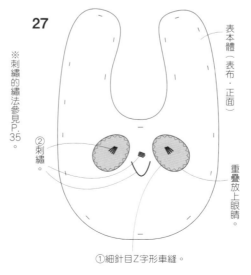

※刺繡的繡法參見P.35。

表本體（表布・正面）

② 刺繡。

重疊放上眼睛。

① 細針目Z字形車縫。

28

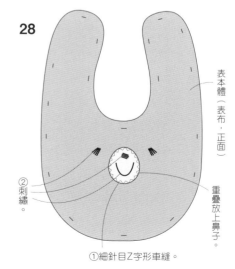

表本體（表布・正面）

② 刺繡。

重疊放上鼻子。

① 細針目Z字形車縫。

⭐3 將表本體 & 裡本體對齊縫合，再縫上耳朵。

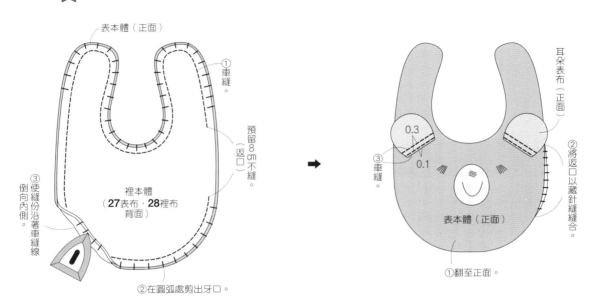

表本體（正面）

① 車縫。

預留8㎝不縫。（返口）

③ 使縫份沿著車縫線倒向內側。

裡本體（27表布·28裡布 背面）

② 在圓弧處剪出牙口。

耳朵表布（正面）

0.3

0.1

③ 車縫。

② 將返口以藏針縫縫合。

表本體（正面）

① 翻至正面。

⭐4 縫上魔鬼氈。

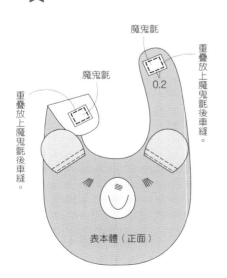

魔鬼氈

魔鬼氈

重疊放上魔鬼氈後車縫。

0.2

重疊放上魔鬼氈後車縫。

表本體（正面）

⭐5 完成！

27

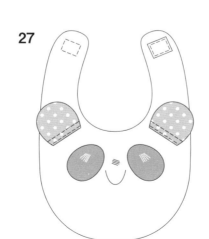

28

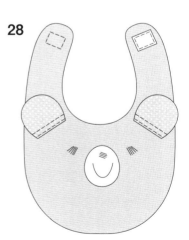

材料（1條）		
表布（29泡泡棉布／30棉布）	50cm寬	40cm
中布（二重紗）	30cm寬	40cm
配布（點點二重紗）	20cm寬	10cm
超薄魔鬼氈	2.5cm寬	5cm
塑膠壓釦	直徑0.9cm	1組
不織布（黑色）	5cm寬	5cm
25號繡線（黑色）		

關於紙型　◆使用原寸紙型B面的29・30。

・紙型部件…本體、耳朵、眼睛
・翻轉後再裁剪的紙型…耳朵（表布・配布 各1片）
・完成的頸圍尺寸約28.5cm

表示使用原寸紙型。

★紙型皆不包含縫份。
　□內的數字為縫份的尺寸。
　除了指定處之外，皆外加0.7cm的縫份後再裁布。

作法

紙型

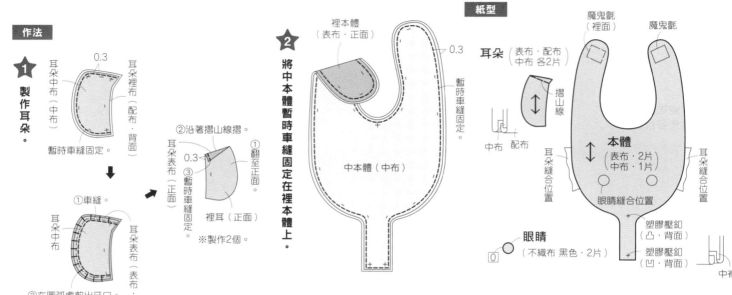

1　製作耳朵。

2　將中本體暫時車縫固定在裡本體上。

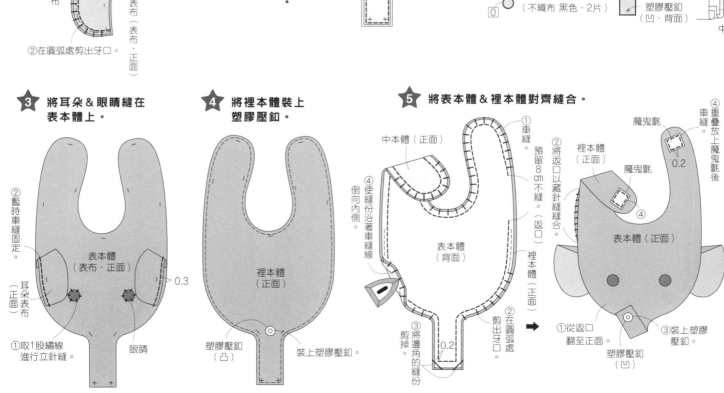

3　將耳朵＆眼睛縫在表本體上。

4　將裡本體裝上塑膠壓釦。

5　將表本體＆裡本體對齊縫合。

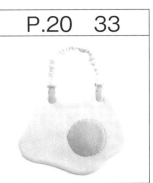

P.20　33

材料		
表布（平面針織棉布・白色）	90cm寬	20cm
配布（平面針織棉布・黃色）	10cm寬	10cm
鋪棉襯	30cm寬	20cm
鬆緊帶	0.8cm寬	30cm
帽夾（扁平織帶用）	1.5cm寬	2個

關於紙型 ◆使用原寸紙型B面的33。

・紙型部件…蛋白、蛋黃
・翻轉後再裁剪的紙型…蛋白（表布 1片）
・頸帶為直線裁，無原寸紙型。
　請依製圖標示，直接在布上畫出記號後裁剪即可。
・頸帶的長度約19cm

★製圖&紙型皆不包含縫份。口內的數字為縫份的尺寸。
　除了指定處之外，皆外加0.7cm的縫份再裁布。

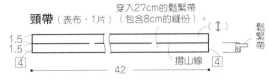

頸帶（表布・1片）　穿入27cm的鬆緊帶（包含8cm的縫份）。

1.5
1.5
4
42
摺山線
4
鬆緊帶

※鬆緊帶的長度請配合嬰兒的頸圍調整喔！
　此外也請確認頭圍尺寸。

蛋白（表布・2片　鋪棉襯・1片）

返口
蛋黃縫合位置
配布
鋪棉襯
表布

蛋黃（配布・鋪棉襯　各1片）

　表示使用原寸紙型。

作法

1 將鋪棉襯暫時車縫固定在蛋白表布上。

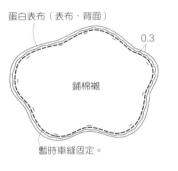

蛋白表布（表布・背面）
0.3
鋪棉襯
暫時車縫固定。

2 製作蛋黃&縫在蛋白表布上。

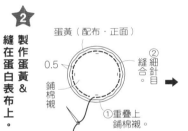

蛋黃（配布・正面）
②細針目縫合。
0.5
鋪棉襯
①重疊上鋪棉襯。

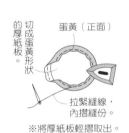

切成蛋黃形狀的厚紙板。
蛋黃（正面）
拉緊縫線，內摺縫份。
※將厚紙板輕摺取出。

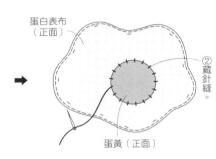

蛋白表布（正面）
②藏針縫。
蛋黃（正面）

3 將蛋白表布&蛋白裡布對齊縫合。

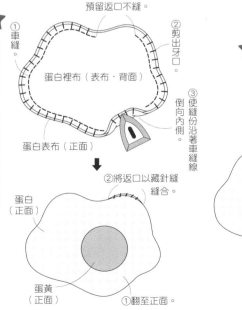

預留返口不縫。
①車縫。
②剪出牙口。
蛋白裡布（表布・背面）
③使縫份沿著車縫線倒向內側。
蛋白表布（正面）
②將返口以藏針縫縫合。
蛋白（正面）
蛋黃（正面）
①翻至正面。

4 完成！

頸帶的作法參見P.58・P.59。
以帽夾夾住固定。

6 完成！

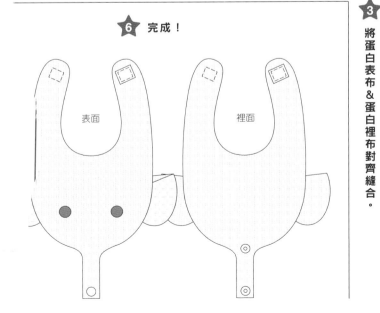

表面
裡面

P.20　32

材料		
表布（平面針織棉布・咖啡色）	90cm寬	20cm
配布（平面針織棉布・米色）	20cm寬	20cm
鋪棉襯	20cm寬	20cm
鬆緊帶	0.8cm寬	30cm
帽夾（扁平織帶用）	1.5cm寬	2個
不織布（白色）	5cm寬	5cm
不織布（黑色）	10cm寬	5cm
25號繡線（白色・黑色）		

關於紙型　◆使用原寸紙型B面的32。

・紙型部件…本體、臉部、眼球、眼白
・頸帶為直線裁，無原寸紙型。
　請依製圖標示，直接在布上畫出記號後裁剪即可。
・頸帶的長度約19cm

表示使用原寸紙型。

★製圖&紙型皆不包含縫份。
　□內的數字為縫份的尺寸。
　除了指定處之外，皆外加0.7cm的縫份再裁布。

紙型・製圖

眼白（不織布 白色・2片）　　眼球（不織布 黑色・2片）

※鬆緊帶的長度請配合小嬰兒的頸圍調整喔！此外也請確認頭圍尺寸。

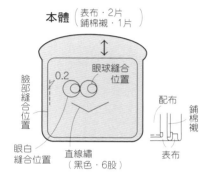

作法

1 將臉部&鋪棉襯縫在表本體上。

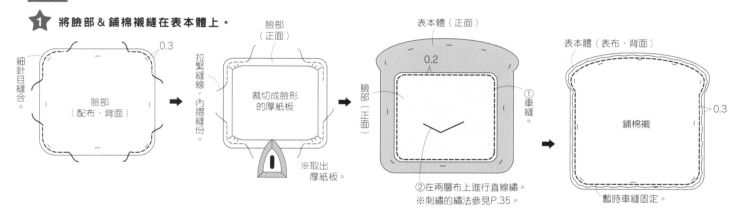

2 將表本體&裡本體對齊縫合。

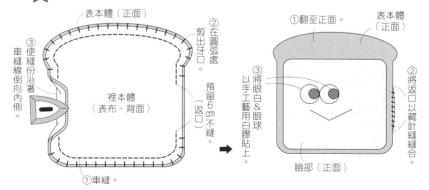

3 製作頸帶。

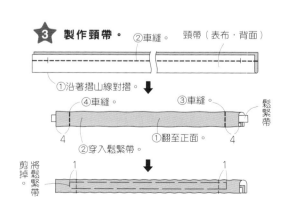

P.7　11

P.7　12

材料（1條）

表布（11鋪棉針織布／12鋪棉針織布）	60cm寬	40cm
球球織帶	1cm寬	1m30cm
超薄魔鬼氈	2.5cm寬	5cm
12燙貼布（H457-886）		1組

關於紙型　◆使用原寸紙型B面的11·12。

・紙型部件…本體
・完成的頸圍尺寸約29.5cm

★紙型皆不包含縫份。
　全部皆加上0.7cm的縫份後再裁布。

紙型

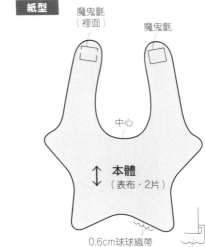

魔鬼氈（裡面）
魔鬼氈
中心
本體
（表布·2片）
0.6cm球球織帶
球球織帶

表示使用原寸紙型。

作法

1 將球球織帶暫時車縫固定。

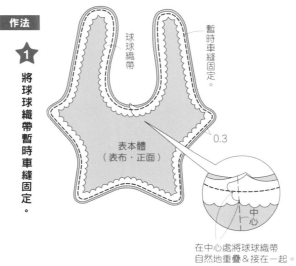

球球織帶
暫時車縫固定。
表本體（表布·正面）
0.3

在中心處將球球織帶自然地重疊&接在一起。
中心

2 將本體對齊縫合。

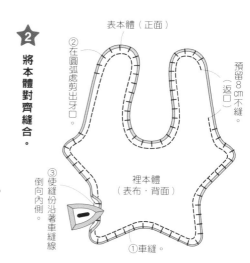

表本體（正面）
②在圓弧處剪出牙口。
預留8cm不縫。（返口）
③使縫份沿著車縫線倒向內側。
裡本體（表布·背面）
①車縫

4 將帽夾縫在頸帶上。

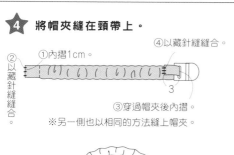

②以藏針縫縫合。
①內摺1cm。
④以藏針縫縫合。
③穿過帽夾後內摺。
※另一側也以相同的方法縫上帽夾。
3

5 完成！

以帽夾夾住固定。

3 翻至正面，縫上魔鬼氈。

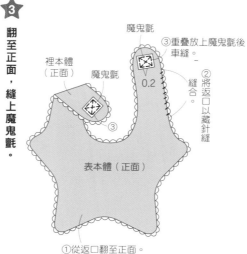

裡本體（正面）
魔鬼氈
③重疊放上魔鬼氈後車縫。
魔鬼氈
0.2
②將返口以藏針縫縫合。
③
表本體（正面）
①從返口翻至正面。

4 完成！

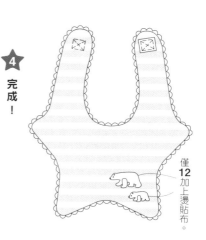

僅12加上燙貼布。

59

P.21　34

材料		
表布（點點棉布）	50cm寬	30cm
配布A（棉布・紅色）	50cm寬	10cm
配布B（棉布・綠色）	40cm寬	20cm
鋪棉襯	30cm寬	30cm
鬆緊帶	0.8cm寬	30cm

關於紙型　◆使用原寸紙型B面的34。

・紙型部件…本體、圍領

・頸帶為直線裁，無原寸紙型。請依製圖標示，直接在布上畫出記號後裁切即可。

・完成的頸圍尺寸約34cm

★製圖&紙型皆不包含縫份。
　全部皆外加0.7cm的縫份再裁布。

紙型・製圖

表示使用原寸紙型。

圍領（配布B・2片）　中心

頸帶縫合位置

中心

本體
（表布・2片
鋪棉襯・1片）

鋪棉襯

※鬆緊帶的長度請
　配合小嬰兒的頸
　圍調整喔！
　此外也請確認頭
　圍尺寸。

頸帶（配布A・1片）　穿入21.5cm的鬆緊帶。（包含1.4cm的縫份）　摺山線

2.5
2.5
45

鬆緊帶

作法

1 製作圍領。

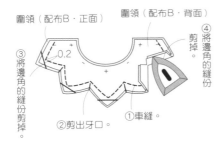

圍領（配布B・正面）　圍領（配布B・背面）

④將邊角的縫份剪掉。

③將邊角的縫份剪掉。
②剪出牙口。
①車縫。
0.2

圍領（背面）

圍領（正面）

翻至正面。

2 將鋪棉襯暫時車縫固定在表本體上。

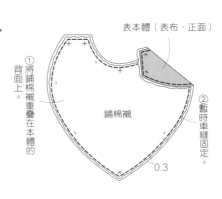

表本體（表布・正面）

①將鋪棉襯重疊在本體的背面上。

②暫時車縫固定。

鋪棉襯

0.3

3 將圍領暫時車縫固定在表本體上。

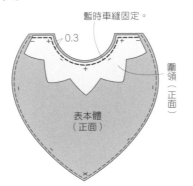

暫時車縫固定。　0.3

圍領（正面）

表本體（正面）

4 製作頸帶&暫時車縫固定在裡本體上。

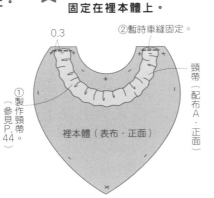

0.3
②暫時車縫固定。

①製作頸帶（參見P.44）。

裡本體（表布・正面）

頸帶（配布A・正面）

5 將表本體&裡本體對齊縫合。

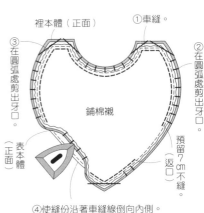

裡本體（正面）　①車縫。

③在圓弧處剪出牙口。

②在圓弧處剪出牙口。

鋪棉襯

表本體（正面）

預留7㎝不縫（返口）

④使縫份沿著車縫線倒向內側。

P.21　35

材料		
表布（棉布・紅色）	50cm寬	30cm
配布（棉布・綠色）	50cm寬	10cm
鋪棉襯	30cm寬	30cm
鬆緊帶	1cm寬	30cm
斜紋布條（包邊款）	1cm寬	60cm
不織布（黑色）	10cm寬	5cm
25號繡線（黑色）		

★製圖＆紙型皆不包含縫份。

□內的數字為縫份的尺寸。

除了指定處之外，全部皆外加0.7cm的縫份再裁布。

表示使用原寸紙型。

關於紙型

◆使用原寸紙型B面的35。

・紙型部件…本體、西瓜籽

・頸帶為直線裁，無原寸紙型。
　請依製圖標示，直接在布上畫出記號後剪即可。

・完成的頸圍尺寸約34cm

※鬆緊帶的長度請配
合小嬰兒的頸圍調
整喔！
此外也請確認頭圍
尺寸。

全部皆為 ⓪

西瓜籽
（不織布 黑色・9片）

頸帶（配布・1片）　穿入21.5cm的鬆緊帶。
（包含1.4cm的縫份）

2.5
2.5

摺山線
配布
鬆緊帶

紙型・製圖

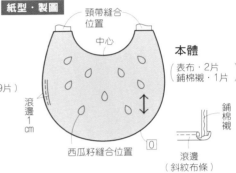

頸帶縫合位置
中心
本體
（表布・2片
鋪棉襯・1片）

滾邊1cm
西瓜籽縫合位置
鋪棉襯
滾邊
（斜紋布條）

45

作法

1 將鋪棉襯、西瓜籽縫在表本體上。

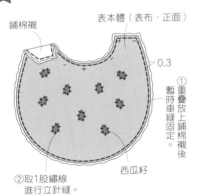

鋪棉襯
表本體（表布・正面）
0.3
①重疊放上鋪棉襯後暫時車縫固定。
②取1股繡線進行立針縫。
西瓜籽

2 製作頸帶＆暫時車縫固定在裡本體上。

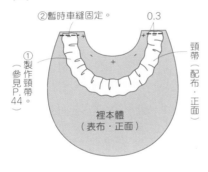

②暫時車縫固定。　0.3
①製作頸帶。（參見P.44）
頸帶（配布・正面）
裡本體（表布・正面）

3 將表本體＆裡本體對齊縫合。

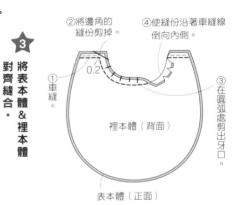

②將邊角的縫份剪掉。
④使縫份沿著車縫線倒向內側。
①車縫。　0.2
③在圓弧處剪出牙口。
裡本體（背面）
表本體（正面）

6 完成！

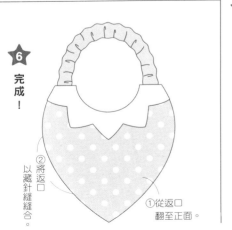

②將返口以藏針縫縫合。
①從返口翻至正面。

4 將本體的周圍滾邊。

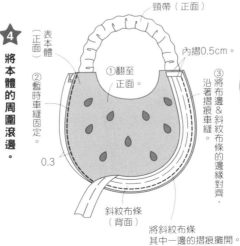

頸帶（正面）
表本體（正面）
①翻至正面。
內摺0.5cm。
②暫時車縫固定。　0.3
③將布邊＆斜紋布條沿著摺痕車縫，將斜紋布條其中一邊的摺痕攤開。
斜紋布條（背面）
將斜紋布條其中一邊的摺痕攤開。

5 完成！

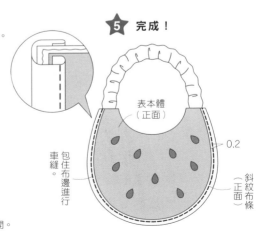

表本體（正面）
包住布邊進行車縫。
0.2
斜紋布條（正面）

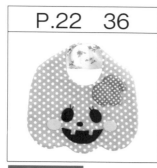

P.22　36

材料		
表布（點點棉布）	30cm寬	40cm
裡布（花朵圖案棉布）	30cm寬	40cm
配布（格子圖案棉布）	20cm寬	10cm
鋪棉襯	30cm寬	40cm
不織布（黑色）	10cm寬	10cm
不織布（粉紅色）	5cm寬	5cm
超薄魔鬼氈	2.5cm寬	5cm
25號繡線（黑色・粉紅色）		

關於紙型

◆ 使用原寸紙型B面的36。

・紙型部件…本體、葉子、眼睛
　　　　　臉頰、嘴巴、鼻子
・完成的頸圍尺寸約27cm

★紙型皆不包含縫份。
　□內的數字為縫份的尺寸。
　除了指定處之外，
　皆外加0.7cm的縫份再裁布。

紙型

葉子
（配布・2片
　鋪棉襯・1片）

眼睛 (不織布 黑色)
2片
0

鼻子 (不織布 黑色)
1片
0

全部皆為
0

嘴巴 (不織布 黑色)
1片

臉頰 (不織布 粉紅色)
2片
0

□表示使用原寸紙型。

本體
（表布・裡布
　鋪棉襯
　各1片）

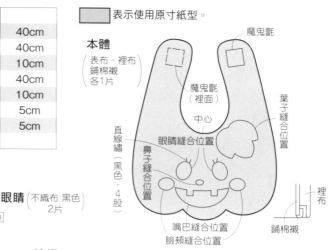

魔鬼氈
魔鬼氈（裡面）
中心
眼睛縫合位置
鼻子縫合位置
嘴巴縫合位置
臉頰縫合位置
直線繡（黑色・4股）
葉子縫合位置
裡布
鋪棉襯

作法

1 製作葉子。

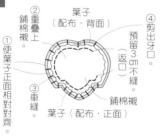

②重疊上鋪棉襯
葉子（配布・背面）
①使葉子正面相對對齊
③車縫
預留3cm不縫（返口）
剪出牙口
鋪棉襯
葉子（配布・正面）

②將返口以藏針縫縫合
葉子（正面）
①翻至正面。

2 將葉子、眼睛、鼻子、臉頰、嘴巴縫在表本體上。

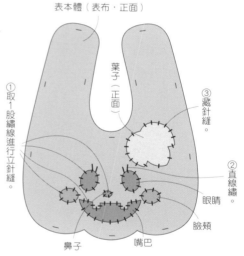

表本體（表布・正面）
葉子（正面）
①取1股繡線進行立針縫。
③藏針縫
③直線繡
眼睛
臉頰
鼻子
嘴巴
※刺繡的繡法參見P.35。

3 將表本體＆裡本體對齊縫合。

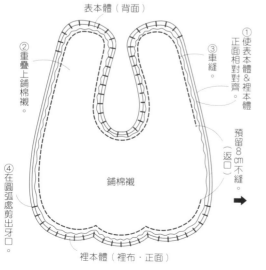

表本體（背面）
②重疊上鋪棉襯。
③車縫。
①使表本體＆裡本體正面相對對齊。
預留8cm不縫（返口）
④在圓弧處剪出牙口。
鋪棉襯
裡本體（裡布・正面）

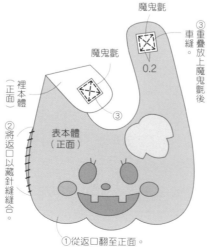

魔鬼氈
魔鬼氈
0.2
③重疊放上魔鬼氈後車縫。
裡本體（正面）
表本體（正面）
②將返口以藏針縫縫合。
①從返口翻至正面。

4 完成！

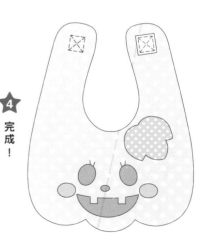

P.23 37

材料		
表布（平面針織棉布）	60cm寬	40cm
中布（二重紗）	50cm寬	40cm
不織布（黑色）	5cm寬	5cm
不織布（紅色）	10cm寬	5cm
超薄魔鬼氈	2.5cm寬	5cm
25 號繡線（黑色・紅色）		

 表示使用原寸紙型。

紙型

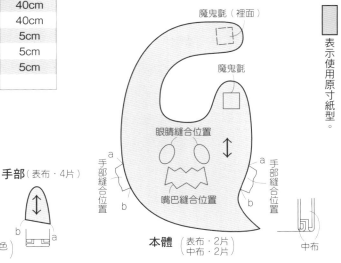

魔鬼氈（裡面）
魔鬼氈
眼睛縫合位置
手部縫合位置 a ── a 手部縫合位置
嘴巴縫合位置 b ── b
本體（表布・2片 / 中布・2片）
中布

表示使用原寸紙型。

關於紙型

◆ 使用原寸紙型B面的37。
・紙型部件…本體、眼睛、嘴巴、手部
・完成的頸圍尺寸約26.5cm
・翻轉後再裁剪的紙型…本體（表布 1片）、手部（表布 2片）

★紙型皆不包含縫份。
　□內的數字為縫份的尺寸。
　除了指定處之外，皆外加0.7cm的縫份再裁布。

全部皆為 ⓪
嘴巴（不織布 紅色）1片

手部（表布・4片）
b ── a

眼睛（不織布 黑色）2片
⓪

作法

 ① 製作手部。

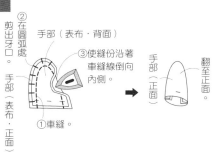

②在圓弧處剪出牙口。
③使縫份沿著車縫線倒向內側。
手部（表布・背面）
手部（表布・正面）
①車縫。
手部（正面）
翻至正面。

② 縫上眼睛、嘴巴、手部。

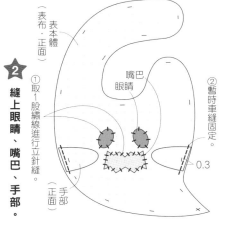

（表布・正面）表本體
①取1股繡線進行立針縫。
嘴巴 眼睛
②暫時車縫固定。
手部（正面）
0.3

③ 將中本體暫時車縫固定在表本體上。

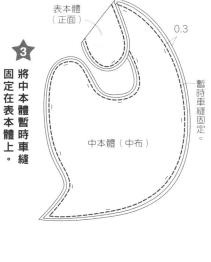

表本體（正面）
0.3
中本體（中布）
暫時車縫固定。
※裡本體作法亦同。

④ 將表本體&裡本體對齊縫合。

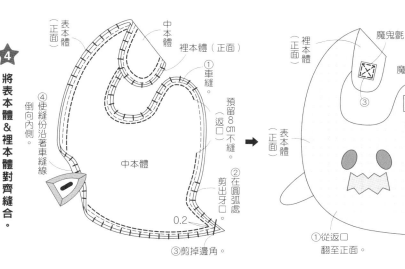

表本體（正面）
中本體
裡本體（正面）
①車縫。
預留8㎝不縫。（返口）
②在圓弧處剪出牙口。
④使縫份沿著車縫線倒向內側。
中本體
0.2
③剪掉邊角。

魔鬼氈
裡本體（正面）
③重疊放上魔鬼氈後車縫。
魔鬼氈
0.2
②將返口以藏針縫縫合。
表本體（正面）
①從返口翻至正面。

⑤ 完成！

63

P.23　38

材料		
表布（平面針織棉布）	70cm寬	40cm
中布（二重紗）	40cm寬	40cm
不織布（黃色・紅色・白色）	5cm寬	各5cm
魔鬼氈	2.5cm寬	10cm
25號繡線（黃色・紅色・白色）		

★紙型皆不包含縫份。□內的數字為縫份的尺寸。
　除了指定處之外，皆外加0.7cm的縫份後再裁布。

☐ 表示使用原之紙型。

紙型

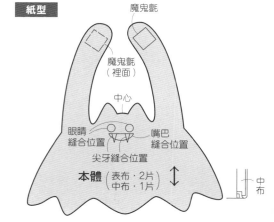

關於紙型

◆使用原寸紙型B面的38。
・紙型部件…本體、眼睛、嘴巴、尖牙
・完成的頸圍尺寸約33cm

☐ **眼睛**（不織布 黃色）2片

全部皆為 ☐

嘴巴（不織布 紅色）1片

尖牙

▽ （不織布 白色）2片

全部皆為 ☐

作法

1 將眼睛、嘴巴、尖牙縫在表本體上。

取1股繡線進行立針縫。

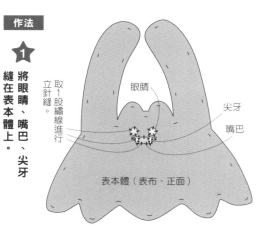

眼睛
尖牙
嘴巴
表本體（表布・正面）

2 將中本體暫時車縫固定在表本體上。

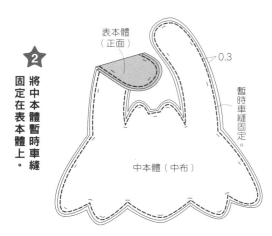

表本體（正面）
0.3
暫時車縫固定
中本體（中布）

3 將表本體＆裡本體對齊縫合。

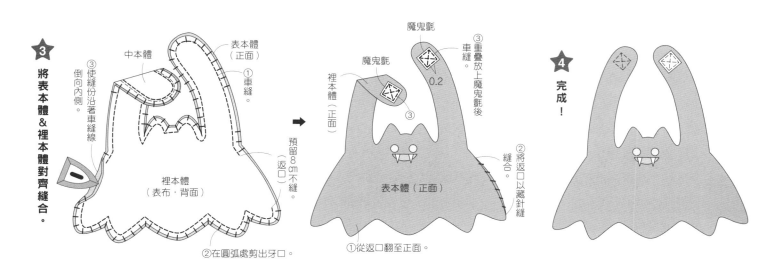

中本體
表本體（正面）
①車縫。
③使縫份沿著車縫線倒向內側。
預留8㎝不縫（返口）。
裡本體（表布・背面）
②在圓弧處剪出牙口。

魔鬼氈
魔鬼氈
③重疊放上魔鬼氈後車縫。
0.2
裡本體（正面）
③
②將返口以藏針縫縫合。
表本體（正面）
①從返口翻至正面。

4 完成！

64

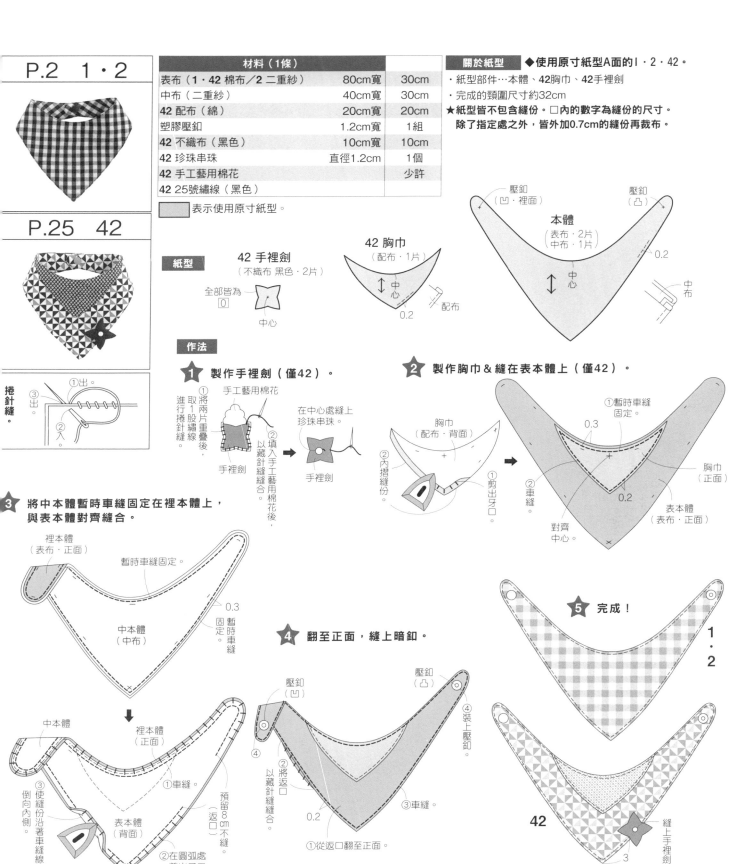

P.2　1・2

P.25　42

捲針縫。
①出
③出
②入

材料（1條）

表布（1・42 棉布／2 二重紗）	80cm寬	30cm
中布（二重紗）	40cm寬	30cm
42 配布（綿）	20cm寬	20cm
塑膠壓釦	1.2cm寬	1組
42 不織布（黑色）	10cm寬	10cm
42 珍珠串珠	直徑1.2cm	1個
42 手工藝用棉花		少許
42 25號繡線（黑色）		

▨ 表示使用原寸紙型。

關於紙型　◆使用原寸紙型A面的Ⅰ・2・42。
・紙型部件…本體、42胸巾、42手裡劍
・完成的頸圍尺寸約32cm
★紙型皆不包含縫份。□內的數字為縫份的尺寸。
　除了指定處之外，皆外加0.7cm的縫份再裁布。

紙型

42 手裡劍
（不織布 黑色・2片）
全部皆為 0
中心

42 胸巾
（配布・1片）
中心
0.2
配布

本體
（表布・2片
中布・1片）
壓釦（凹・裡面）
壓釦（凸）
中心
0.2
中布

作法

1 製作手裡劍（僅42）。
①將兩片重疊後，取1股繡線進行捲針縫。
手工藝用棉花
手裡劍
②填入手工藝用棉花後，以藏針縫縫合。
在中心處縫上珍珠串珠。
手裡劍

2 製作胸巾＆縫在表本體上（僅42）。
胸巾（配布・背面）
②內摺縫份。
①剪出牙口。
①暫時車縫固定。
0.3
②車縫。
0.2
對齊中心。
胸巾（正面）
表本體（表布・正面）

3 將中本體暫時車縫固定在裡本體上，與表本體對齊縫合。
裡本體（表布・正面）
暫時車縫固定。
中本體（中布）
0.3 固定。
暫時車縫

中本體
裡本體（正面）
①車縫。
②在圓弧處剪出牙口。
③使縫份沿著車縫線倒向內側。
表本體（背面）
預留8cm不縫。（返口）

4 翻至正面，縫上暗釦。
壓釦（凹）
壓釦（凸）
④裝上壓釦。
②將返口以藏針縫縫合。
③車縫。
0.2
①從返口翻至正面。

5 完成！
1・2
42
縫上手裡劍。

65

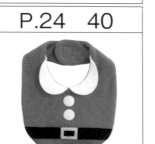

P.24　39

P.24　40

★製圖&紙型皆不包含縫份。
　□內的數字為縫份的尺寸。
　除了指定處之外，
　皆外加0.7cm的縫份後再裁布。

材料（39・40 1組份）		
表布（平面針織布・紅色）	90cm寬	70cm
配布（平面針織布・白色）	80cm寬	30cm
不織布（黑色）	20cm寬	5cm
不織布（白色）	10cm寬	10cm
不織布（黃色）	5cm寬	5cm
超薄魔鬼氈	2.5cm寬	5cm
球球	直徑2cm	1個
25號繡線（白色・黑色・黃色）		

關於紙型 ◆使用原寸紙型B面的39・40。
・紙型部件…帽子、本體、圍領、鈕釦、釦環、腰帶
・帽口為直線裁，無原寸紙型。。
　請依製圖標示，直接在布上畫出記號後裁剪即可。
・**39** 完成的頭圍尺寸約44cm
・**40** 完成的頸圍尺寸約28.5cm

□ 表示使用原寸紙型。

紙型・製圖

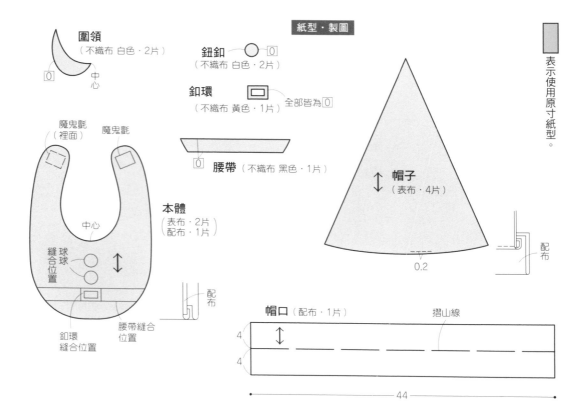

圍領
（不織布 白色・2片）
中心

鈕釦 ○ □0
（不織布 白色・2片）

釦環 □0
（不織布 黃色・1片） ← 全部皆為 □0

腰帶（不織布 黑色・1片）

魔鬼氈（裡面）　魔鬼氈

本體
（表布・2片）
（配布・1片）

中心

球球縫合位置

球球

釦環縫合位置　　腰帶縫合位置

配布

帽子
（表布・4片）

0.2

配布

帽口（配布・1片）　　摺山線

4
4

44

39 帽子的作法

1 將帽子對齊縫合。

①車縫。
②將邊角的縫份剪掉。
0.2
帽子表布（表布・正面）
帽子表布（表布・背面）
③燙開縫份。
※帽子裡布作法亦同。

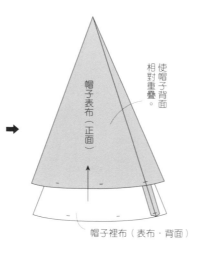

使帽子背面相對重疊。
帽子表布（正面）
帽子背面
帽子裡布（表布・背面）

2 製作帽口。

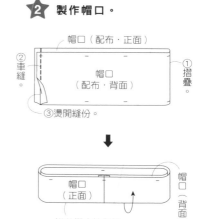

帽口（配布・正面）
②車縫。
①摺疊。
帽口（配布・背面）
③燙開縫份。

帽口（正面）
帽口（背面）
沿著摺山線對摺。

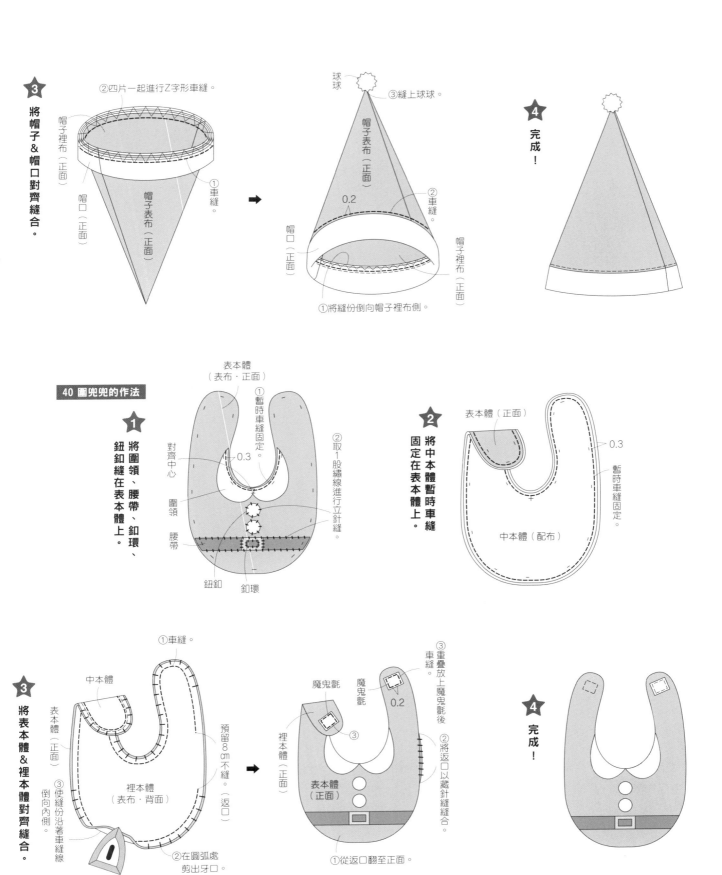

3
將帽子&帽口對齊縫合。

②四片一起進行Z字形車縫。

帽子裡布（正面）

帽口（正面）

帽子表布（正面）

①車縫。

球球

③縫上球球。

帽子表布（正面）

0.2

帽口（正面）

②車縫。

帽子裡布（正面）

①將縫份倒向帽子裡布側。

4
完成！

---

40 圍兜兜的作法

1
將圍領、腰帶、鈕釦、釦環、鈕釦縫在表本體上。

表本體（表布·正面）

①暫時車縫固定。

0.3

對齊中心

圍領

腰帶

②取1股繡線進行立針縫。

鈕釦

釦環

2
將中本體暫時車縫固定在表本體上。

表本體（正面）

0.3

暫時車縫固定。

中本體（配布）

3
將表本體&裡本體對齊縫合。

①車縫。

中本體

表本體

表本體（正面）

③使縫份沿著車縫線倒向內側。

裡本體（表布·背面）

預留8cm不縫。（返口）

②在圓弧處剪出牙口。

③重疊放上魔鬼氈後車縫。

魔鬼氈

魔鬼氈

0.2

裡本體（正面）

③

表本體（正面）

②將返口以藏針縫縫合。

①從返口翻至正面。

4
完成！

67

P.26　43

材料		
方形毛巾	34cm×36cm	1片
滾邊布條（包邊針織布條）	1.1cm寬	50cm
超薄魔鬼氈	2.5cm寬	5cm

關於紙型

◆領口的原寸紙型參見P.70。

・完成的頸圍尺寸約30cm

作法

1 裁剪領口。

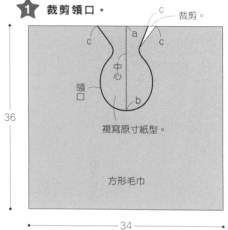

裁剪。
c　a　c
中心
領口
b
複寫原寸紙型。
36
34
方形毛巾

2 將領口滾邊。

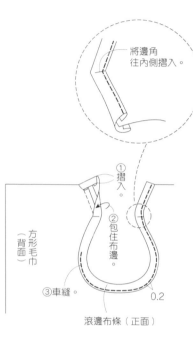

將邊角往內側摺入。

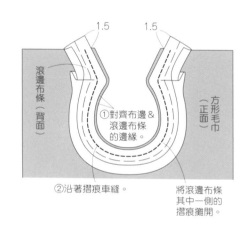

1.5　　1.5

滾邊布條（背面）
方形毛巾（正面）
①對齊布邊＆滾邊布條的邊緣
②沿著摺痕車縫。
將滾邊布條其中一側的摺痕攤開。

①摺入。
方形毛巾（背面）
②包住布邊
③車縫。
0.2
滾邊布條（正面）

3 縫上魔鬼氈。

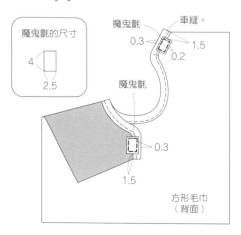

魔鬼氈的尺寸
4
2.5

魔鬼氈　車縫。
0.3　　1.5
0.2
魔鬼氈
0.3
1.5
方形毛巾（背面）

4 完成！

（正面）

（正面）

材料（1條）		
手拭巾	35cm×90cm	1片
滾邊布條（滾邊針織布條）	1.1cm寬	1m50cm

關於紙型

◆領口的原寸紙型參見P.70。

作法

1 裁剪手拭巾。

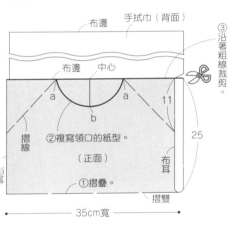

布邊　手拭巾（背面）

③沿著粗線裁剪。

布邊　中心

a　　a

b

②複寫領口的紙型。

（正面）

摺線

①摺疊。

11

25

布耳

摺雙

35cm寬

2 沿著摺線摺疊。

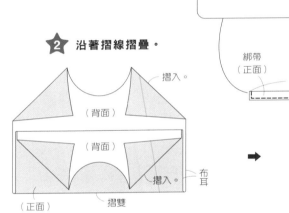

摺入。

（背面）

（背面）

（正面）

摺入。

布耳

（正面）

摺雙

3 縫上綁帶。

長33cm（包含縫份）的滾邊布條

1

摺入。

0.2

裁切縫合側。

車縫。

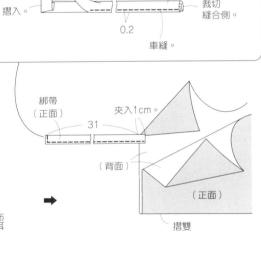

綁帶（正面）

夾入1cm

31

（背面）

（正面）

摺雙

4 以縫紉機車縫布邊。

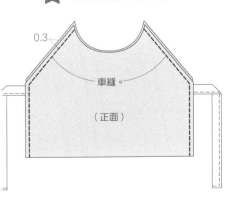

0.3

車縫。

（正面）

5 將領口滾邊，完成！

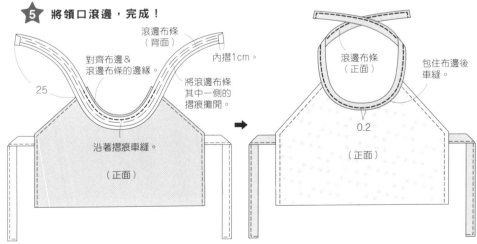

滾邊布條（背面）

對齊布邊＆滾邊布條的邊緣。

內摺1cm。

將滾邊布條其中一側的摺痕攤開。

25

沿著摺痕車縫。

（正面）

滾邊布條（正面）

包住布邊後車縫。

0.2

（正面）

P.29 48

材料		
表布（防水加工布）	40cm寬	50cm
裡布（二重紗）	40cm寬	50cm
滾邊布條（滾邊針織布條）	1.1cm寬	1m60cm
塑膠壓釦	直徑0.9cm	4組
超薄魔鬼氈	2.5cm寬	5cm

■ 關於紙型

◆ 使用原寸紙型A面的48。

· 紙型部件…本體

· 完成的頸圍尺寸約26.5cm

★ 全部皆加上縫份後再裁布。

▢ 表示使用原寸紙型。

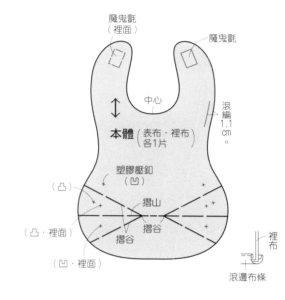

■ 布襯的貼法

不要滑動熨斗，以重疊前一個熨燙位置一半的面積，不留間隙地進行燙壓。

布襯（正面）　表布（背面）

接著面（粗糙面）

描圖紙或墊布　中低溫（130°至150°）的乾式熨斗

布襯

不留縫隙地移動熨斗。　每一次按壓10秒。

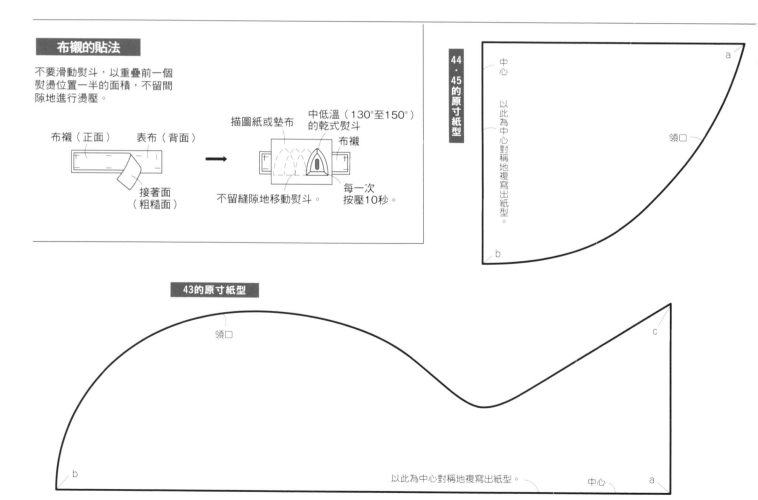

■ 43的原寸紙型

作法

1 沿著摺痕縫合表本體。

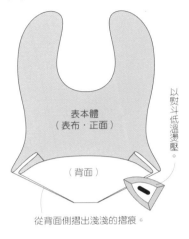

表本體
（表布・正面）

（背面）

以熨斗低溫燙壓。

從背面側摺出淺淺的摺痕。

2 將表本體＆裡本體
重疊後暫時車縫固定。

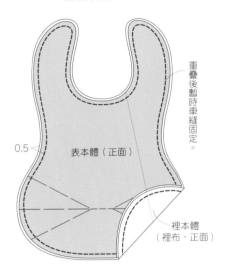

重疊後暫時車縫固定。

0.5

表本體（正面）

裡本體
（裡布・正面）

3 將本體的周圍滾邊。

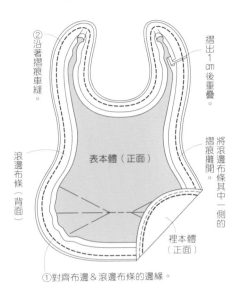

②沿著摺痕車縫。

摺出1cm後重疊。

表本體（正面）

將滾邊布條其中一側的摺痕攤開。

滾邊布條（背面）

裡本體（正面）

①對齊布邊＆滾邊布條的邊緣。

4 以滾邊布條包住布邊後進行車縫。

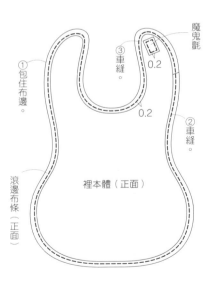

①包住布邊。

③車縫。

魔鬼氈

0.2

0.2

②車縫。

裡本體（正面）

滾邊布條（正面）

5 裝上塑膠壓釦。

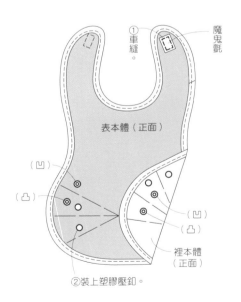

①車縫。

魔鬼氈

表本體（正面）

（凹）

（凸）

（凹）

（凸）

裡本體（正面）

②裝上塑膠壓釦。

6 完成！

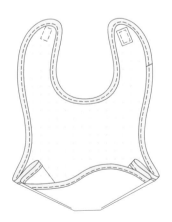

P.25　41

材料		
表布（點點棉布）	80cm寬	40cm
配布（二重紗）	80cm寬	40cm
滾邊布條（斜紋布條包邊款）	1.1cm寬	65cm
塑膠壓釦	直徑0.9cm	2組

關於紙型　◆使用原寸紙型A面的41。

・紙型部件…本體、圍領
・完成的頸圍尺寸約27cm至30cm

★紙型皆不包含縫份。
　□內的尺寸為縫份的尺寸。
　除了指定處之外，皆外加0.7cm的縫份再裁布。

作法

⭐1　製作圍領。

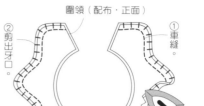

左：表示使用原寸紙型。

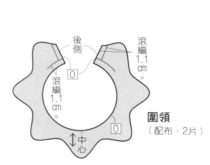

圍領
（配布・2片）

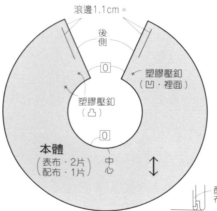

本體
（表布・2片
　配布・1片）

⭐2　將中本體暫時車縫固定在表本體上。

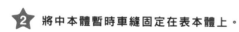

⭐3　將表本體＆裡本體對齊縫合。
　　（參見P.34）

⭐4　將圍領暫時車縫固定在本體上。

⭐5　將布邊滾邊。
　　（參見P.35）

⭐6　完成！

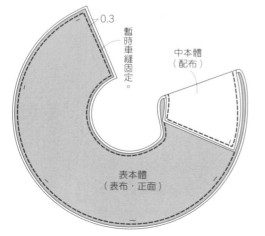

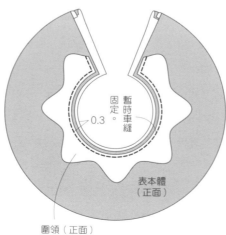

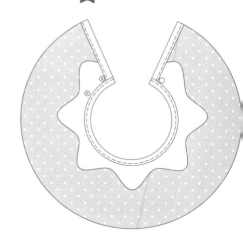

親手作寶貝の
好可愛圍兜兜（暢銷版）
基本款・外出款・時尚款・趣味款・功能款，穿搭變化一極棒！

授　　權／BOUTIQUE-SHA
譯　　者／簡子傑
發 行 人／詹慶和
選 書 人／Eliza Elegant Zeal
執行編輯／陳姿伶
編　　輯／蔡毓玲・劉蕙寧・黃璟安
封面設計／韓欣恬
美術編輯／陳麗娜・周盈汝
內頁排版／造極
出 版 者／Elegant-Boutique新手作
發 行 者／悅智文化事業有限公司　郵政劃撥帳號／19452608
戶　　名／悅智文化事業有限公司
地　　址／220新北市板橋區板新路206號3樓
網　　址／www.elegantbooks.com.tw
電子郵件／elegant.books@msa.hinet.net　　電話／(02)8952-4078
傳　　真／(02)8952-4084

2017年6月初版一刷
2020年10月二版一刷　定價320元

Lady Boutique Series No.4279
TOBIKIRI KAWAII SU TAI
© 2016 Boutique-sha, Inc.
All rights reserved.
Original Japanese edition published in Japan by BOUTIQUE-SHA.
Chinese (in complex character) translation rights arranged with BOUTIQUE-SHA.
through KEIO CULTURAL ENTERPRISE CO., LTD.

經銷／易可數位行銷股份有限公司
地址／新北市新店區寶橋路235巷6弄3號5樓
電話／(02)8911-0825　傳真／(02)8911-0801

國家圖書館出版品預行編目(CIP)資料

親手作寶貝の好可愛圍兜兜：基本款・外出款・
時尚款・趣味款・功能款，穿搭變化一極棒！/
BOUTIQUE-SHA授權；簡子傑譯.
-- 二版. -- 新北市：新手作出版：悅智文化發行，
2020.10
　面；　公分. -- (趣.手藝；75)
ISBN 978-957-9623-57-5(平裝)

1.縫紉 2.手工藝

426.3　　　　　　　　　　　　　109014535

Staff

責任編輯／渡部惠理子・松井麻美
作法校對／野﨑文乃
攝　　影／藤田律子
裝禎設計／梅宮真紀子
插畫製圖／長浜恭子
紙型製圖／加山明子
紙　　型／宮路睦子

雅書堂 EB 新手作

雅書堂文化事業有限公司
22070新北市板橋區板新路206號3樓
facebook 粉絲團:搜尋 雅書堂
部落格 http://elegantbooks2010.pixnet.net/blog
TEL:886-2-8952-4078 ‧ FAX:886-2-8952-4084

Elegantbooks
以閱讀，
享受幸福生活

趣‧手藝 41

Q萌玩偶出沒注意！
輕鬆手作112隻療癒系の可愛不
織布動物
BOUTIQUE-SHA◎授權
定價280元

趣‧手藝 42

[完整教學圖解]
摺×疊×剪×刻4步驟完成120
款美麗剪紙
BOUTIQUE-SHA◎授權
定價280元

趣‧手藝 43

9位人氣作家可愛發想大集合
每天都想使用的萬用橡皮章圖
案集
BOUTIQUE-SHA◎授權
定價280元

趣‧手藝 44

動物系人氣手作！
DOGS & CATS‧可愛の掌心
貓狗動物偶（暢銷版）
須佐沙知子◎著
定價300元

趣‧手藝 45

初學者的第一本UV膠飾品教科書
從初學到進階！製作超人氣作
品の完美小祕訣All in one！
熊崎堅一◎監修
定價350元

趣‧手藝 46

輕鬆作の微型樹脂土
美食76道
定食‧麵包‧拉麵‧甜點‧擬真
度100％！輕鬆作1/12の微型樹
脂土美食76道（暢銷版）
ちょび子◎著
定價320元

趣‧手藝 47

趣味‧翻花繩
大全集
AYATORI
全齡OK！親子同樂腦力遊戲完
全版‧趣味翻花繩大全集
野口廣◎監修
主婦之友社◎授權
定價399元

趣‧手藝 48

牛奶盒作の！美麗布盒設計60選
清爽收納空間點綴の好點子
BOUTIQUE-SHA◎授權
定價280元

趣‧手藝 50

CANDY COLOR TICKET
超可愛の糖果系透明樹脂×樹脂
土甜點飾品
CANDY COLOR TICKET◎著
定價320元

趣‧手藝 49

原來是黏土！MARUGO的彩色
多肉植物日記：自然素材‧風
格雜貨‧造型盆器懶人在家
也能作的經典多肉植物黏土
ZAKKA 27（暢銷版）
丸子（MARUGO）◎著
定價350元

趣‧手藝 51

Rose window美麗&透光：玫瑰
窗對稱剪紙
平田朝子◎著
定價280元

趣‧手藝 52

玩黏土‧作陶器！
可愛北歐風別針77選
玩黏土‧作陶器！可愛北歐風
別針77選
BOUTIQUE-SHA◎授權
定價280元

趣‧手藝 53

New Open‧開心玩！開一間超
人氣の不織布甜點屋
堀内さゆり◎著
定價280元

趣‧手藝 54

可愛の立體剪紙花飾
Paper‧Flower‧Gift：小清新
生活美學‧可愛の立體剪紙花
飾四季帖
くまだまり◎著
定價280元

趣‧手藝 55

每日の趣味‧剪開信封輕鬆作紙雜貨
紙雜貨讓你一定會作的N個可愛
版紙藝創作
宇田川一美◎著
定價280元

趣‧手藝 56

可愛限定！KIM'S 3D不織布動
物造型遊樂園（暢銷精選版）
陳春金‧KIM◎著
定價320元

趣‧手藝 57

開店指南，開店指南！
不織布の幸福料理日誌
BOUTIQUE-SHA◎授權
定價280元

趣‧手藝 58

花‧葉‧果實の立體刺繡書
以纖絲勾勒輪廓‧繡製出栩栩
花‧葉‧果實の立體刺繡書
以纖絲勾勒輪廓‧繡製出新層
色彩的立體花朵（暢銷版）
アトリエ Fil◎著
定價280元

趣‧手藝 59

黏土‧環氧樹脂‧袖珍食物＆
微型店舖230選
袖珍食物＆微型店舖
230選
Plus 11間商店街店舖造景教學
大野幸子◎著
定價350元

趣‧手藝 60

可愛到不行的不織布點心
（暢銷新裝版）
寺西恵里子◎著
定價280元

趣‧手藝 61

木器彩繪
練習本
讓貨迷超愛的木器彩繪練習本
20位人氣作家×5大季節主題
一本學會就上手
BOUTIQUE-SHA◎授權
定價350元

趣‧手藝 62

不織布Q手作：
超萌狗狗總動員
陳春金‧KIM◎著
定價350元

趣‧手藝 63

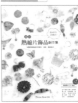

晶瑩剔透超美的：繽紛熱縮片
飾品創作集
一本OK！完整學會熱縮片的
著色‧造型‧應用技巧……
NanaAkua◎著
定價350元

趣‧手藝 64

開心玩黏土
MARUGO彩色多肉植物日記2
懶人最愛的多肉植物＆盆組小
花園
丸子（MARUGO）◎著
定價350元

趣‧手藝 65

一學就會の立體浮雕刺繡
可愛圖案集
Stumpwork基礎實作：填充物
＆懸浮式技巧全圖解公開！
アトリエ Fil◎著
定價320元

趣‧手藝 66

家用烤箱OK！一試就會作的陶
土胸針＆造型小物
BOUTIQUE-SHA◎授權
定價280元

趣‧手藝 67

從可愛小圖
開始學縫十字繡
從可愛小圖開始學縫十字繡數
格子×玩填色×特色圖案900+
大圖まこと◎著
定價280元

趣‧手藝 68

UV膠飾品 Best 37
超實感、精緻又可愛的UV膠飾
品Best37：開心玩×簡單作‧
手作女孩的加分飾品不NG挑
戰！
張家慧◎著
定價320元

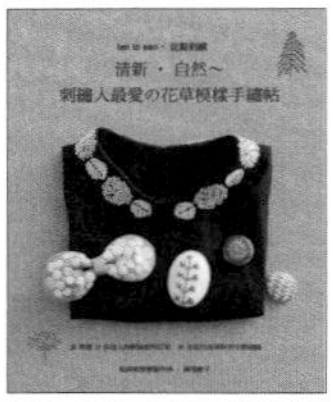

清新・自然～
刺繡人最愛的花草植樹手繪帖
青新・自然の刺繡人最愛的花
草樹樹手繪帖
定價320元

軟"QQ"襪子娃娃
妳想抱一下的軟QQ襪子娃娃
陳春金・KIM◎著
定價350元

黏土作家の迷你人氣甜點&美食best82
袖珍屋の料理廚房：黏土作の
迷你人氣甜點&美食best82
ちょび子◎著
定價320元

可愛北歐風の小巾刺繡
47個簡單好作的日常小物
可愛北歐風の小巾刺繡：47個
簡單好作的日常小物
BOUTIUQE-SHA◎授權
定價280元

袖珍模型麵包雜貨
聞得到麵包香喔！
不能吃の～袖珍模型麵包雜
貨：聞得到麵包香喔！（不玩黏
土，�麵糰）
ぱんころもち・カリーノぱん◎合著
定價280元

小小廚師の不織布料理教室
小小廚師の不織布料理教室
BOUTIQUE-SHA◎授權
定價300元

親手作寶貝的好可愛圍兜兜
親手作寶貝的好可愛圍兜兜
基本款・外出款・時尚款・趣
味款・功能款，穿搭變化一極
棒！（暢銷版）
BOUTIQUE-SHA◎授權
定價320元

超可愛手縫 俏皮の不織布動物造型小物
手縫俏皮の
不織布動物造型小物
やまもと ゆかり◎著
定價280元

袖珍甜點黏土手作課
超可愛的迷你size！
袖珍甜點黏土手作課
関口真優◎著
定價350元

超大朵紙花設計集
華麗の盛放！
超大朵紙花設計集
空間&櫥窗陳列，婚禮&派對布
置，特色攝影必備。（暢銷版）
MEGU（PETAL Design）◎著
定價380元

讓人超暖心の手工立體卡片
讓人超暖心の手工立體卡片
鈴木孝美◎著
定價320元

點土小鳥
手縫胖嘟嘟×圓滾滾の
點土小鳥
ヨシオミドリ◎著
定價350元

UV膠&熱縮片飾品120選
無限可愛の
UV膠&熱縮片飾品120選（暢銷版）
キムラプレミアム◎著
定價320元

絕對簡單のUV膠飾品100選
絕對簡單の
UV膠飾品100選
キムラプレミアム◎著
定價320元

寶貝最愛的可愛造型趣味摺紙書
寶貝最愛的
可愛造型趣味摺紙書
動動手指動動腦×
一邊摺一邊玩
いしばし なおこ◎著
定價280元

簡單手縫可愛的不織布動物玩偶
超精選！有131隻喔！
簡單手縫可愛的
不織布動物玩偶
BOUTIQUE-SHA◎授權
定價300元

百變立體造型的三角摺紙超味手作
靈活指尖&想像力！
百變立體造型的
三角摺紙趣味手作
岡田郁子◎著
定價300元

玩偶の不織布手作遊戲
暖萌！
玩偶の不織布手作遊戲
BOUTIQUE-SHA◎授權
定價300元

輕鬆手縫84個不織布造型偶
超可愛手作課！
輕鬆手縫84個不織布造型偶
たちばなみよこ◎著
定價320元

超可愛の黏土動物同樂會
集合囉！
超可愛的黏土動物同樂會
幸福豆手創館（胡瑞娟
Regin）◎著
定價350元

超可愛！換裝娃娃×動物摺紙58變
超可愛！
換裝娃娃×動物摺紙58變
いしばし なおこ◎著
定價300元

捲簡紙芯變花樣
捲簡紙芯變花樣
剪一剪&捲一捲，
紙捲布開了！
阪本あやこ◎著
定價300元

動物系黏土迴力車
可愛紙狂飆！
超簡單！動物系黏土迴力車
幸福豆手創館（胡瑞娟 Regin）◎
著權
定價320元

超可愛輕柔風柔土娃娃
Petty's手作旅人誌
超可愛輕柔風黏土娃娃
蔡青芬◎著
定價350元

橡皮草應用圖帖
手繪植物風橡皮章應用圖帖
HUTTE.◎著
定價350元

小刺繡圖案300+
清新&可愛小刺繡圖案300+：
一起來繡花朵・小動物・日常
雜貨吧！
BOUTIQUE-SHA◎授權
定價320元

職人の手揉黏土和菓子
甜在心・剛剛好×精緻可愛！
MARUGO教你作職人の
手揉黏土和菓子
丸子（MARUGO）◎著
定價350元

童話Q版の可愛動物不織布玩偶
有119隻喔！童話Q版の可愛
動物不織布玩偶
BOUTIQUE-SHA◎授權
定價300元

Paper Quilling
大人的優雅捲紙花
大人的優雅捲紙花：輕鬆上
手！基本技法&配色要點一次
學會
なかたにもとこ◎著
定價350元

立體彩色摺紙球設計24例
色彩×幾何大挑戰 立體の組
合式摺紙彩球設計24例
BOUTIQUE-SHA◎授權
定價350元

手繪感可愛刺繡500選
英倫風
手繪感可愛刺繡500選
E & G Creates◎授權
定價380元

超可愛娃娃布偶&木頭偶
5人作家愛藏精選！
美式鄉村風×摺畫繪本人物×
童話故事
今井のりこ・鈴木治子・斉藤千里
田畑聖子・坪井いづよ◎授權
定價380元

有設計感の水引繩結飾品
清新又可愛！
有設計感の水引繩結飾品
mizuhikimie◎著
定價320元

擴展創造力的摺紙遊戲書
擴展創造力的摺紙遊戲書
寺西惠里子◎著
定價380元